地球研叢書

みんなでつくる「いただきます」

食から創る持続可能な社会

田村典江
NORIE TAMURA
クリストフ・D・D・ルプレヒト
CHRISTOPH D. D. RUPPRECHT
スティーブン・R・マックグリービー
STEVEN R. MCGREEVY
編

昭和堂

はじめに

食べることは人生の一部であり、一つのよろこびの源泉である。食には歴史があり、文化があり、美学がある。和食とその文化は、日本の豊かな自然と四季、多彩な地方色を反映するとして、二〇一三年にユネスコ無形文化遺産に登録された。一方、「ミシュランガイド」で星付きとなったレストランの数を国別に見れば、日本は本家であるフランスに匹敵するほど多く、和食以外にもあらゆる食文化を愉しめる国となっている。テレビや雑誌で食を取り上げるコーナーといえば、料理教室からグルメガイド、チェーンレストランの人気メニューランキングまで、枚挙にいとまがない。

しかしその陰で、日本を含む世界中で、食の生産と消費に危機が迫っている。現在、食の生産現場は、気候変動に起因する不安的な気象条件、無秩序な農林漁業による自然環境の破壊、効率のみを重視し多様性が失われた生産方法、そしてグローバル市場の拡大による小規模な農林水産業の衰退などの数多くの問題に直面している。と同時に、チェーンのもう一端である食の消費側では、ファーストフードや加工食品の急増による公衆衛生の悪化、十分に時間をかけてよい食事を取ることができない不安定な生活、地域の食文化や調理技術の衰退、多国籍巨大食品ビジネスによる市場の支配と市民の力の弱体化などが進んでいる。特に、近年、アジアで肥満人口が急増しており、生活習慣病の増加が指摘されている。過栄養と低栄養が同時に生じる「栄養不良の二重負荷」状態にある国も多い。この現実を私たちはどう受け止めればいいだろうか。

本書は、総合地球環境学研究所の研究プロジェクト「持続可能な食の消費と生産を実現するライフワールドの構築——食農体系の転換にむけて（略称：ＦＥＡＳＴプロジェクト）」の研究成果をとりまとめたものである。総合地球環境学研究所は地球環境問題を人間文化の問題と位置付けて、統合的に研究を行うことをミッションとしているが、ＦＥＡＳＴプロジェクトは、地球環境問題の中から食と農の持続可能性を研究課題として二〇一六年に始まった。とりわけ、持続可能性の危機に直面している食と農について、現在のシステムを維持するための対策を見つけるのではなく、今とは違う、より豊かで持続可能で快適な新しいシステムへと転換することを目指して超学際的研究を進めてきた。

食の生産、すなわち農林水産業と、食の消費は、これまで、個別の問題として取り扱われてきた。しかし、現代の食農体系では、生産のあとから始まる流通・消費の領域の問題がますます肥大しており、食を切り離して農の転換を考えることはできない。また、食はすべての人に関わる身近な問題でありながら、世界規模での環境、社会、経済問題とも密接に関わる。そこで、ＦＥＡＳＴプロジェクトでは、食と農を通じて未来の地域のあり方を考えることをモットーとして、多くの研究者と、地域でくらす人々とともに、参加型の研究を行ってきた。

本書は、次のような構成となっている。まず序章で食と農にまつわる環境問題について概観する。続く第1章では、想像力がもつ力について検討し、「よい食」をイメージすることの重要性を示す。第2章では、「よい食」に関わりの深い概念を整理し、そして第3章ではすでに「よい食」に向けて取り組み始めた人々や地域を紹介する。最後に終章では、変化に向けて動き出すことについて展望する。

持続可能な新しい食農体系への転換という野心的な目標は、五ヵ年の研究期間だけで到達しうるものではない。執筆者たちの旅は、プロジェクト終了後も続くであろう。しかしながら同時に、この五ヵ年で、私たちは多くのことを学び、そして実践してきた。それはひとえに、食と農に関する諸問題を同じように疑問視し、活動しようとする人々がいたからである。本書は、多くの市民のみなさんと私たちとの協働の記録であり、共に描いた未来の食卓を示すものである。多くの読者にとって、本書が、望ましい未来の食卓について考えるきっかけとなることを願ってやまない。

田村典江
クリストフ・D・D・ルプレヒト
スティーブン・R・マックグリービー

もくじ

はじめに i

序 章 食卓を取り巻く不都合な真実 …… 1
1 食卓に広がる地球環境問題 2
2 構造化された食の問題 11
3 持続可能な食を実現するには 23

第1章 食の想念を描きなおす …… 35
1 何が社会変化を阻むのか 36
2 想念と社会的想念 45
3 「よい食」と「悪い食」 52

第2章　未来の食に向けたレッスン……61
1　望ましい未来の食に向かって　62
2　適正技術　66
3　アグロエコロジーとパーマカルチャー　69
4　共生する都市計画、食べられる景観、都市農業　73
5　生きものに寄り添う経済圏　79
6　社会的連帯経済　82
7　脱成長　85
8　食の主権　88
9　コモンズとしての食　93
10　知的財産としての種子　96
11　食の透明性　101
12　フードポリシー・カウンシル　104
13　ウェルビーイングとレジリエンス　108
14　コンヴィヴィアリティ　111
15　食べものとつながるくらしのあり方　114

第3章　草の根から描く食の未来……125
1　「食と農の未来会議」への挑戦――京都府京都市　126
2　地域の食の未来を描く――長野県小布施町　133
3　「有機」から始まる食のまちづくり――京都府亀岡市　145
4　次の世代にバトンをつなぐ――秋田県能代市　152
5　手を取り合う農家と八百屋――京都オーガニックアクション　159
6　買い物を通じて考える――京都ファーマーズマーケット　162
7　養蜂がつなぐ人と自然――みつばちに優しいまち　166
終　章　みんなでつくる「いただきます」……173
おわりに　189

序章

食卓を取り巻く不都合な真実

スティーブン・R・マックグリービー
（小林優子訳）

© AOI Landscape Design 吉田葵

1　食卓に広がる地球環境問題

あなたの食卓と地球環境問題

あなたが食卓についているとしよう。目の前にある皿や茶椀に入っているのは、食べものだけではない。そこには地球環境や社会に関する重要な課題がいくつも詰まっている。

朝食を例に考えてみよう。洋風の朝食であれば、あなたがかじったトーストは、ほとんどの場合、外国産の小麦を材料としている。その小麦は、大量の石油農薬と化学肥料を用いて栽培されている。昆虫や土壌微生物の生物多様性は減り、水路に流出すると下流では水質汚染がおこり、さらには気候変動につながる化石燃料に高く依存している。目覚めのコーヒーはかかせないという人も多いだろう。しかしそのコーヒー豆は、もしかしたら児童労働で摘まれたものかもしれないし、かつての森林が資源消費型のプランテーションへと開発された土地で栽培されたものかもしれない。美味しいバナナを朝食に食べたいという人は、今のうちに十分味わっておいたほうがいいかもしれない。なぜなら、世界に輸出されているバナナの九九％を占める品種キャベンディッシュには、絶滅を引き起こしうる病気の脅威が迫っている（約六〇年前にもグロスミッシェルという品種が壊滅的被害を受けている）。世界中の農園で、バナナは単一品種で栽培されており、キャベンディッシュの病害耐性を高めるような遺伝的多様性の備えはない。

伝統的な和食派という人にとっても、状況は似たり寄ったりである。茶碗一杯の白米には、断続湛水による大量の二酸化窒素排出という代償がある。日本では自給率の高い食品は数少ないが、米はその一つである。しかし、今、国産米を食べられているとしても、将来的にはどうなるかわからない。貿易協定の締結に加え、政府による補助の打ち切りで国内の農家数は減少の一途を辿っており、国内市場に東南アジア産米が流れ込む可能性も高い。そして、米といえば味噌汁だが、原材料の大豆は熱帯雨林を切り拓き転換した畑で作られたものかもしれない。おかずの焼き魚も大事にいただこう。漁業資源の九〇％が限界まで漁獲されているか、すでに乱獲状態にあるか、激減しているのだから。むしろ、一口食べるごとに人間の出したゴミがマイクロプラスチックとして隠れている可能性を知っていたら、魚を食べることさえ躊躇されるかもしれない。あなたが漬けものを大好きだとして、その漬けものにも問題がある。日本の農家を支える地元産・国産の野菜を原材料にしているのだろうか、それとも輸入品だろうか。

どんな食事をするにしても、その食卓には、食と地球の未来を左右する重要な環境問題や社会問題がまるで地雷原のように潜んでいる。気候変動、生物多様性の損失や種の絶滅、水質汚染、土壌肥沃度の低下、侵食、動物愛護、非人道的な労働条件、食料安全保障をはじめ、ありとあらゆる問題が何らかの形で食や農業と関連している。私たちは毎日ごはんを食べており、食べものは私たちのくらしに非常に多くの社会的・文化的な意義をもつ。それゆえに、より持続可能なフードシステムを目指すのであれば、根本的な転換が不可欠なのである。

人新世と食卓

人類が地球に与えた影響はあまりに大きく、至るところに蔓延している。科学者たちは、主に人類のせいで地球は新しい時代に突入したとし、「人新世（アンソロポシーン：Anthropocene）」と名付けた。地質年代から見ると、最後の大氷河期の後、約一万一七〇〇年前に始まった完新世は終わり、「人間」（Anthropo はギリシャ語で「人間」の意）の時代が始まったのである。

しかし、人新世がいつ始まったのかについては意見が分かれている。人間活動により大気中に大量の炭素排出が増えていった一八〇〇年代の産業革命の頃だと主張する者もいれば、広島と長崎の原爆投下とそれに続く核実験により放射性粒子が地球上に飛び散ったことによるという者もいる。いずれにせよ、人新世は地球の歴史の中でも、悲惨な瞬間であろう。人類が地球の支配者となり、地球の物理的・生化学的システムを、前例にはないやり方で形づくっている。当然のことながら、私たちの工業的フードシステムは、人新世の誕生に大きく寄与している。

人類の歴史において、農業の発展は産業の発展を伴い、地球の生態を再形成することとなった。バイオマス（生物量）で見れば、人間と家畜（主に牛と豚）は、地球上のすべての哺乳類のバイオマスのうち九六％を占める（Bar-On et al. 2018）。野生の哺乳類はわずか四％に過ぎない。文明が始まって以来、人間活動によって野生の海洋哺乳類と陸生哺乳類のバイオマスは約六分の一に、植物のバイオマスは半分に減少している。陸地面積はどうだろうか。地球上の居住可能な土地の半分が農地として利用され、その面積は五一〇〇万㎢以上に上る（Ritchie 2017）。そのうち七七％は、放牧地や飼料用耕作地として畜産に利用されており、今後も拡大することが予想される。ここで問題なのは、森林を伐採しない限り、農地拡大の余地がほとんどないことだ（Eitelberg et al. 2015）。新しく開拓された農地の八〇％が、主に熱帯地域の森林を切り拓き開発されている（Foley et al. 2005）。

特に東南アジアでは、森林破壊によって新たに開発された土地で栽培されるのは、パーム油の原料となるアブラヤシである（Wilcove et al. 2013）。東南アジアのアブラヤシ栽培は、二〇〇三年から二〇一三年の一〇年間で八七％も増加し、地域の生物多様性を脅かすだけでなく、先住民を長年住んでいた土地から追い出し、熱帯林における炭素隔離を妨げている（FAOSTAT 2020c）。スマートフォンを手に取って、地図アプリでボルネオ島かスマトラ島を検索し、衛星画像機能をオンにして、ズームしてみてほしい。一定の尺度に達すると、緑の広大な土地に平行に真っすぐ並ぶ線が見えるだろう。かつては熱帯雨林に覆われていた土地が、宇宙からでも見える大規模なアブラヤシのプランテーションとなっているのである。

では、パーム油は私たちの日常生活に関係あるのだろうか。驚くかもしれないが、私たちはおそらく毎日パーム油を使っている。パーム油は、シャンプーや歯磨き粉などの衛生用品に使われているだけでなく、キャンディーやチョコレート、ポテトチップスなどの加工食品やジャンクフードにも多く含まれている。横塚眞己人の著した児童書『ゾウの森とポテトチップス』（二〇一二）は、私たちのジャンクフードへの偏愛が、いかに絶滅危惧種であるアジアゾウの生息地を破壊しているかという悲劇的な事実を子どもたちに伝える。私たちが食卓に並べるものは、海の向こうの多様な動物に影響を与えるだけでなく、文字通り地球の様相を変えようとしているのである。

失われる多様性

人新世に生じた最も恐ろしい変化は、食料や農業に関連した多様性の喪失だろう。私たちが消費する動植物の種数が減少しただけでなく、植物の健全な成長と発達を支える微生物やそのほかの生物の多様性も減少し続けている。国連食糧農業機関が二〇一九年に発表した食料と農業を支える世界の生物多様性に関する報告書では、その膨大な被害が詳細に記されている（FAO 2019）。種内の遺伝的多様性は減少しており、作物の病害・気候変動耐性もより脆弱になっている。私たちが消費する主な品種の数もこの一〇〇年で激減している。朝食のキャベンディッシュバナナはその一例である。さらには、家畜の希少種のうち二六％が絶滅の危機に瀕し、世界の水産資源の三分の一は乱獲されている。また、食料供給が不安定になれば、私たちは野生種に頼らざるをえないが、開発や気候変動により世界各地で生態系は崩壊し、野生種は脅かされている。

目には見えないが、土壌微生物は植物・菌類・土壌と相互作用して代謝を生み出し、植物の成長に必要な栄養素を供給する重要な生物である。ひとさじの土壌の中には一〇億以上の微生物（バクテリア、菌類、原生動物、線虫など）が存在すると推定する研究者もいる（Merrifield 2010）。しかし、工業的農業で取り入れられている技術や単一栽培が、その多様性に多くの負の影響をもたらしている。健康で生きた土壌がなければ、農業は困難に陥り、人工的な方法に依存して食料生産を続けていくしかなくなるだろう。

また、世界中でファーストフード化が進み、地域の食文化も均質化の一途を辿っている。地域の多様性に溢れた食文化、料理、そして人間社会と特定の食との関係も変化している。食文化は常に歴史の中で変化してきたといえるが、最近の研究から、過去五〇年の間に、小麦、ジャガイモ、乳製品、トウモロコシ、大豆など、より西洋的な食生活への大規模な移行が世界全体で観察されている（Khoury et al. 2014）。

生態学者なら誰でも、多様性の高い生態系は回復力があり強靭だが、多様性が低ければ非常に脆弱だというだろう。また、主流の農業や世界の食文化の変化に目を向けると、多様性は日々失われ、至る所でその脆弱性が目立つようになっている。私たちは、フードシステムを再び多様化していく方法を見出さなくてはならない。

「一・五℃目標」と「自然の恵み」

科学者たちは私たちに変わるようにと警告してきた。

二〇一五年一二月、仏パリ郊外にて国連気候変動枠組条約第二一回締約国会議（ＣＯＰ21）、京都議定書第一一回締約国会合（ＣＭＰ11）が開かれ、世界のリーダーや科学者たちは「パリ協定」の採択に歓喜した。気候変動に関する政府間パネル（ＩＰＣＣ）は、気候変動の人為的要因の確かな証拠を提示し、気候変動に関する国際連合枠組条約（ＵＮＦＣＣＣ）の全締結国は、その証拠に基づき、世界の平均気温上昇を産業革命前から「二℃以内」に抑えることに合意し、可能な限り「一・五℃以内」に留めるという努力目標を設定した。先進締結国には、途上国に対する排出目標達成に向けた資金援助と技術移転が求められており、また各国には取り組みの透明性の向上も求められている。長年にわたり行動の伴わない話し合いばかりが続いていたが、ついに世界をあげた気候変動の取り組みが合意されたかのようであった。日本は、京都議定書締結から約一六年経った二〇一六年一一月八日、パリ協定を批准した。

二〇一八年に、韓国でＩＰＣＣ第四八回総会が開かれ、世界の温暖化を抑制する目標を「二℃以内」とする場合と「一・五℃以内」とする場合では、どれほど恐ろしい差が生まれるのかが世界に示された。北極海から氷が溶けてなくなるのは、一・五℃の世界では平均して一〇〇年に一度だが、二℃の世界では一〇年に一度の頻度で起きる。また、二℃の世界では、海洋の酸性化と温暖化によりサンゴ礁が全滅してしまうが、一・五℃の世界ではなんとか七〇〜九〇％の減少に留めることができるという（IPCC 2018）。

ＩＰＣＣは、一・五℃の温暖化目標達成に向けた四つの例示的モデル（シナリオ）を提示している。各シナリオは異なる気候変動緩和策を想定したものであるが、最終的なメッセージは同じだ。二酸化炭素排出量を二〇五〇年までに九〇％以上削減する必要があり、一・五℃の温暖化目標達成に向けた唯一の方法は、化石燃料と炭素集約度の高いエネルギーの使用量を大幅に削減することである。緩和策の組み合わせ例は多岐にわたるため、ここで詳細は取り上げないが、四つのシナリオのうち三つは、今後一〇年間で四一～五八％の二酸化炭素排出量の削減が必要であると指摘している（IPCC 2018）。

このような大規模な削減は、現代史上前例がないだろう。例えば、二〇二〇年に新型コロナウイルス感染症の世界的流行により経済活動が大幅に落ち込んだが、二酸化炭素排出量は、規制措置が取られた期間によるものの四～七％しか削減されていない（Le Quéré et al. 2020）。普段通りの生活では、温暖化目標達成にほど遠いことはいうまでもない。

地球環境危機の中で、他の種がどのような状況にあるかに目を向けてみると、先行きはさらに暗い。生物多様性と生態系サービスを懸念する研究者たちは、ＩＰＣＣに似た「生物多様性及び生態系サービスに関する政府間科学―政策プラットフォーム（ＩＰＢＥＳ）」に参画し、検証を行っている。ＩＰＢＥＳは二〇一九年五月にパリに集まり、地球上の生命は崩壊に向かっていると宣言した。ＩＰＢＥＳはその報告書で、人間活動が地球の生態系を劇的に変化させたことで、今後三〇年で地球上で確認されている八〇〇万種のうち一〇〇万種以上が絶滅の危機に直面するとした（IPBES 2019）。人間が依存しているはかない生命維持システムは、今まさに崩壊しつつあるのである。生態系に大きな影響をもつキーストーン種が絶滅すると、生態系自体が崩壊し、ドミノ倒しのように科学では予測しきれない二次的衝撃が生じるだろう。

二〇二〇年に発表された国連「地球規模生物多様性概況」では、二〇一〇年に一九六ヵ国が合意した「愛知目標」の二〇項目のうちいずれも達成されていないという悲惨な現実が明らかにされている（Secretariat of the Convention on Biological Diversity 2020）。地球とそこに生きるすべての生命の未来は、非常に暗いものである。二〇一九年版ＩＰＢＥＳ報告書の筆頭著者であるヴィセレン＝ハマカーズはインタビューでこう語っている。

「私たちは、生物多様性の喪失を引き起こす根本的な原因に取り組んでいないのです。経済、生産・消費パターン、制度、ルールをどのように組織しているかが問題なのです。〔中略〕私たちは、より持続可能な社会を目指し社会の骨組みを変えていかなくてはなりません。〔中略〕持続可能性を取り巻く議論は変化しています。〔中略〕今や、革命にも劣らない変革について語るのは普通のことなのです」（Williams 2019）。

科学者らは通常、データの陰に隠れがちで、それほど挑発的な科学的結論を出すことがなく、社会の大きな構造に疑問を投げかけることも滅多にない。だからこそ、普段は遠慮がちで客観的な科学者が、社会の構造や主要制度のあり方を変える必要があるというのであれば、私たちはしっかり耳を傾けるべきなのである。

2　構造化された食の問題

食の生産、流通、消費の現在

現在、私たちはフードシステムに頼り食べものを得ている。そのフードシステムは、生産、加工、流通、小売、消費、廃棄物処理など、様々な分野から構成されており、それぞれが相互にリンクして、畑から私たちの食卓まで食べものを運ぶ。

現代のフードシステムは、世界中の経済システムのガバナンスを目的に作られた原則をもとに設計されている。主要な原則は、次の三つである。①一切すべてが商品であること、②何よりも利潤追求が優先されること、③生産と場所は結び付きがないこと。これらの原則は、半世紀前には考えられなかったような、信じられないような方法でフードシステムを形成し、膨大な量の食料を生み出し、多くの人々のくらしを改善してきた。その一方で、朝食の例で挙げたように数々の環境・社会問題も間違いなく引き起こしてきた。

一切すべてが商品である

まず第一に、食べものは取引可能な商品となる。精巧な金融メカニズムが食品の価格を設定し、トレーダーは他の商品と同様に、現在と将来の価格変動から投機を行う。食品を、例えばテレビや自動車と同様に捉えることは、納得がいかないかもしれないが、それが商品化というものである。テレビや自動車がなくても生き延びることはできるが、食べものがなくては生きてはいけないと思っただろうか。その通りだ。しかし、使用中（つまり人間の口に入る際）の食品の価値は、取引中（市場価格）の価値と切り離されている（Vivero-Pol 2017）。ここでは、生命の与え手であるはずの食べものは、その純粋な経済的・取引上の価値にまで落ちぶれる。

その結果、フードシステムではますます規格化が進む。生産方法は均質化され、食品の種の多様性は激減する。消費期間をなるべく長くし、輸送にも耐えられるように、食品の耐久性を高めることが求められ、そのための決定が下されていく。同じ品質のものが好まれ、農産物は形が均一で傷みのないものでなければならず、畑での生産方法や市場への出荷方法にも影響をもたらしている。利潤追求と相まって、優先的に生産される食品は低コストで高カロリーなもので、例えば、糖分、脂質、塩分の高い精製された穀物で作られた加工食品といったものである。こうした商品は、目もくらむほどに張り巡らされたルートを通じて世界中に出荷され、貿易協定の礎となり、国内の食料安全保障の低下を引き起こしている。

商品作物の生産地では、通常、見わたす限り単一品種が列をなして並んでおり、規格化・均質化されている。これは、最も早くて安い生産方法が工場モデルであるという事実に起因する。商品作物の栽培には工場モデルが用いられ、その過程で土地の多様性を排除し、長期的な環境の健全性を犠牲にして短期的な効率性を高め、自然をコントロールしようとしている。商品作物の栽培農家は、食品を取り扱う大手農企業と契約を結び、現金収入のために、契約通りの方法で農業を行う。皮肉なことに、こうした農家は収穫したトウモロコシや大豆を納品し、価格支持政策に裏打ちされた代金を得ることができるが、新鮮で健康的な食品へのアクセスはままならないこともある。例えば、アメリカ中西部の低所得者層の三三・八%は、新鮮な農産物を簡単に入手することができないとされている（Dutko et al. 2012）。商品化は食べものと私たちの食事のあり方を変えてしまったのである。

何よりも利潤追求を優先する

食べものの商品化は、利益創出を促す。誰もが、どうせ利益を出すなら、もっと大きな利益を出したいと思うだろう。フードシステムで大きな利益を上げるには何をすべきだろうか。他の分野で利益を上げる方法とまったく同じである。規模を拡大し、投入あたりの生産量を増やす、すなわち効率を高めることが必要だ。

原則として、世界のどこでも食品は比較的安価な商品だろう。それゆえ、大きな利益追求には規模の拡大が必要である。今日の生産規模は、これまでになく巨大化が進んでおり、世界各地で、特に畜産業を中心に農場の平均面積は拡大している（Lowder et al. 2016）。中国では、ポルトガルの国土面積に値する農場で一〇万頭以上の牛が飼われている（Daily Mail 2015）。

規模の拡大は、農場面積だけでなくサプライチェーン全体でも見られる。二〇一八年には、一・八兆米ドル相当の農産物が取り引きされており（WTO 2019）、二〇〇七年の食品加工業者上位一〇社の売上高合計は、最貧国七五ヵ国のＧＤＰ合計よりも三三〇億米ドルも多い（Millstone & Lang 2008）。また、世界の食品小売業の売上は推定八兆米ドル以上で、二〇二二年には一一・二兆ドルに達すると見られている（PRNewswire 2020）。生産、流通、加工、小売分野のいずれにせよ、産業型フードシステム内のビジネスモデルはすべて、利潤追求を目指し規模拡大を進めるものである。

規模拡大の裏側にあるのはスピードと効率だ。食品は地球の端から端までを信じられないほどのスピードで移動し、サプライチェーンの繋ぎ目で利益が搾り取られる。特に食品小売業は、一握りの巨大企業によって独占されている。こうした企業は本質的には物流会社であり、複雑な食品サプライチェーンを繋ぎ目ごとに管理し、流通を「ジャストインタイム」で行い、効率の最大化を目指す。

こうした小売業者の多くは、その物流面での強みを活かして食品加工段階にも進出し、「自社ブランド」や「プライベートブランド」を利用し、消費者への食品の流れを垂直統合し、合理化している。例えばヨーロッパでは、自社ブランド製品が全食品売上高の四五％近くを占めている（Millstone & Lang 2008）。アマゾンは、世界最大手の物流（兼小売）企業であるが、米国ホールフーズ・マーケット買収（一三七億米ドル）による食品小売業への参入は、オンラインショッピングが儲かる世界への幕開けだったろう。

こうして規模の拡大と効率性の論理に基づき設計された世界のフードシステムは、食品の過剰生産と資源の過剰消費という破壊的なサイクルに陥っている。そうしたサイクルが最大限の利益を生み出すからである。問題は、食品にはテレビや自動車といった商品とは異なり、飽和点があるということだ。仮に私が裕福であるとして、保管するスペースさえあれば、テレビは一〇〇台でも購入可能だ。しかし、食べものは違う。私たちの胃袋には一定のスペースしかなく、少なくとも一時的には満腹になってしまう。世界的な食品の過剰生産は、私たちが実際に消費できる量との均衡が取れていないのである。

生産と場所は結び付きがない

食べものが商品化され、収益力だけが評価される現状を理論的に理解するには、生産はもはや産地に根付いていないことを認識する必要がある。グローバル化から何らかの教訓を得たとするならば、産地は必ずしも重要ではなく、より安く生産できる場所が他にあれば、生産はそちらに移動するということである。経済学的観点から見ると、世界はフラット化し、距離は無意味なものとなった（Friedman 2005）。材料や部品が地球上を忙しく移動し、複数の場所で段階的に組み立てられていく中で、商品や食品は「どこでもないところ」から生まれるのである（Campbell 2009）。そして消費者は、自分が消費しているものの源から完全に切り離されている。

人口密度の高い都市部は、食料や資源の供給を「後背地」に依存してきた。しかし、今日では、安価な化石燃料エネルギーや食品・貿易企業の巨大な物流ネットワーク（帝国）の存在によって、そうした後背地はありとあらゆる場所に存在しうる。

よく知られているように日本の自給率は恐ろしく低く、ここ二十年にわたり、四〇％以下（カロリーベース）で推移している。そのため、日本は膨大な量の食料や飼料を海外からの輸入に頼っている。三菱商事、住友商事、三井物産、伊藤忠商事、丸紅、豊田通商、双日といった日本の総合商社は、穀物や食品の収穫、保管、加工、流通の分野で、米国、ブラジル、アルゼンチン、オーストラリアに対して数十億米ドル規模の投資を行っている（Hall 2020）。こうした長いサプライチェーンに依存しているため、日本のフードマイレージは九千億t／kmと非常に大きく、群を抜いている（中田 二〇〇六）。

もちろん、生存に欠かせない資源を遠い生産地に依存することには危険が伴う。まず、自然災害や戦争、政情不安時に見られるような、資源の流れの途絶がある。気候変動が進む中、今後はさらなる状況の悪化が予測される。食料供給を他国や他地域に依存しているということは、地域内・国内の食料安全保障に対する懸念の欠如も意味する。世界のほとんどの国が、国家安全保障の問題として完全な食料自給を目指していたのは、それほど昔のことではない。また、外部の食料供給源への依存度が極度に高くなると、食のサプライチェーンを変化させるための主体性や制御力も失われるだろう。

これら三つの原則が相互に作用し、連鎖することで、今日私たちが目にする「食の世界」が生み出されているのである。

飢餓とフードロス

食べものに関する奇妙な神話がある。二〇五〇年までに食料供給量を現在の倍にしなければ、人類に効率的な食料供給ができなくなる、という神話だ。人口は増加し続けており、食料の量を増やさなければ、飢餓に苦しむ人も増えるという。食品業界や国連食糧農業機関などの主要な国際農業団体に加え、多くの研究者を含む、食に関係のある団体の多くがこの神話を信じ、推進している。

この神話は、実は私たちは意図的にどういう食べものを生産するかを選択することで、問題を自ら大きくしているという事実を覆い隠している（Tomlinson 2013）。統計を見れば、私たちは、世界の全人口に必要な食料の二倍以上という信じられない量を生産していることがわかる。世界で毎年生産されるカロリーの総量は、一万三一〇〇兆カロリーという驚異的なものである（World Resources Institute 2018）。これを私たちの体が毎日必要とする約二五〇〇キロカロリーで割れば、必要量の二倍を生産していることは明らかだろう（Alexander et al. 2017）。

私たちの一つの選択は、地球の健全性に信じられないくらいの打撃を与えながら爆発的に増加する生物集団に、大量のカロリーを投じるというものだ。その集団とは家畜である。現在、家畜の飼養頭数は、人間の全人口の三倍に上る。牛、羊、豚、鶏については寿命短縮などの育種計画も進んでいるが、それでも頭数はこれまでの二倍の速度で増加している（FAOSTAT 2020a）。また、穀物栽培用の農地の三分の一が家畜用飼料の栽培に利用されている（FAO 2018）。

私たちが次に下した選択は、加工食品用の作物をありえないほど生産する、というものである。商品作物第一位のサトウキビの生産量は、第二位のトウモロコシのほぼ二倍であり、てんさいも加工食品やジャンクフード、飲料の甘味料として広範囲に使用されている（Fardet & Rock 2020）。百害あって一利なしにもかかわらず、私たちは過度に加工された食品をこれまで以上に消費している。

そうした超加工食品には、でんぷん、油分、糖分および添加物が使われており、そのためにトウモロコシ、米、小麦、ジャガイモ、大豆が栽培されている。超加工食品とは、「工業的な技術とプロセスによって作られた工業用途の材料を成形したもの」（Monteiro et al. 2019: 8）である。つまりは、安くて、糖分・塩分・油分の多いファーストフード、ジャンクフード、ドリンクなどである。

特にアジアは、超加工食品の消費増加問題に直面しており、アジア太平洋地域の肥満率は四一％近くまで押し上げられ、その数は約一〇億人に上る（Helble & Sato 2018）。また、糖分の高い加工食品は糖尿病の発症率も上昇させており、糖尿病患者の六〇％がアジアに居住しており、中でも低所得者層で発症が多いとされている（Nanditha et al. 2016）。世界の全成人の合計三九％が過体重（BMI値二五以上）か肥満（一三％、BMI値三〇以上）のいずれかである（Ritchie & Roser 2017）。

このように膨大な人数が過食しているということの裏には、三つ目にして最も悲劇的な決断が存在する。世界中でカロリーが過剰生産されているにもかかわらず、多くの人々が飢えているのである。毎年八億二千万人以上の人々が飢餓状態に陥り、主に低・中所得国にくらす二〇億人以上の人々は、安全で栄養価が高い十分な量の食料へのアクセスがない（FAO et al. 2019）。

これほど多くの人々が栄養失調に陥っている背景には、数多くの要因が存在している。極度の貧困により、売られている食料を買うことができない上、貧困層には土地や資源も不足していることが多く、自家栽培もできない。また、飢饉の原因は異常気象や自然災害だけではない。農業生産高が高くなれば、経済・政治的なインセンティブのために、飢える自国民を食わせるより輸出が優先されるからである。一部の都市部では、新鮮で健康的な食品（果物、野菜、全粒粉など）を手に入れることがほぼ不可能であり、そうしたフードデザート（食の砂漠）では、貧困層は安価な超加工食品で空腹を満たすことになる。

表1　2018年における世界の生産量（重量）上位10品目

品目	生産量（t）
サトウキビ	1,907,024,730
トウモロコシ	1,147,621,938
米（水稲）	782,000,147
小麦	734,045,174
米（水稲、精米換算）	521,594,098
ジャガイモ	368,168,914
大豆	348,712,311
野菜	297,596,674
キャッサバ	277,808,759
てんさい	274,886,306

出所）FAOSTAT 2020b.

このように、世の中に十分な食べものを得ることができない人がいる一方で、毎日大量の食料が廃棄されているという事実は、まったくの矛盾であろう。国連食糧農業機関は、飼料などを除く人間の直接消費用に生産された食料の三分の一が無駄になったり、廃棄されていると推定しており、その量は約一三億ｔにも及ぶとされている（FAO 2011）。

私たちが選び、構築してきたフードシステムは、グローバル化された「ジャストインタイム」のシステムである。そして、忌まわしい量の食品廃棄は必要悪なのだという考え方も、もう一つの決断にほかならない。大量の食品廃棄物を生み出すのは消費者だと考えがちであるが、実際にはサプライチェーンのずっと上流の収穫や加工の段階でも、大量の廃棄が発生している。しかし、食品廃棄物の最大の原因はスーパーマーケットの棚にある。スーパーに買い物に行って、空の棚を見かけることはないだろう。すべての棚にあらゆる商品を並べておく必要がある、というのが食品小売業のルールだからだ。常に新しい新鮮な食品が供給されなくてはならず、古くなったか少しでも条件に合わない食品は廃棄される。食品には消費期限があり、私たちが食べられる量にも限界がある。廃棄される食品の多くは、食べても何の問題もないものだが、値引きしたり、必要とする人の元に届けたりといった対策にはなかなか至っていない。

結局のところ、経済の論理が私たちを支配しているのである。スーパーで売られているものよりも安く手に入るなら、たとえ鮮度が少しくらい悪くても、人々はそちらを選ぶだろう。そうなったとき、いったい誰がスーパーマーケットに行くだろうか。

私たちは食べものに恵まれた世界にくらしている。しかし、何を生産するか、どれだけ早く生産するか、誰に何を食べさせるか、何を優先するかといった決断により、食べものの不平等な分配を引き起こすこととなった。こうした決断から脱却し、早急に新たな方向性を見出し、目指すべきである。

私たちの食を決めるのは誰か

スーパーマーケットに買い物に行くと、食品数の膨大さに驚き、何を買ったらよいのかと困るだろう。あなたの目には、選択肢が無限にあるように映っている。しかし、それは選択の自由があるという錯覚にすぎない。陳列されているものすべてが、食品加工業者、卸売業者、小売業者といったフードシステムの意思決定者に選ばれたものなのである。

フードシステムは砂時計で表現できる（図1）。くびれ部分となる「中間」は、多くの農場と消費者をつないでおり、加工業者、卸売業者、小売業者で構成されているが、一社ですべての機能を果たしていることも珍しくない。日本では、約一・九万の食品加工業者、約七・六万の食品卸業者、約三三・九万の食品小売業者がこの「中間」部分を構成し、一六三万の農家と五千万を超える家庭が砂時計の上部と下部に位置する。中間のアクターは、消費者の選択を左右する意思決定を行うだけでなく、契約や市場を通じて、特定の作物を栽培するよう農家の意思決定にも影響を与える。つまり、私たちが何を食べるかについて、とてつもなく大きな影響力をもっている。

最近、世界の特定のセクターにおける企業集中（利益または売上高、市場シェア、輸出、生産、貿易量、または資源へのアクセスの割合）が調査研究された（Folke et al. 2019）。その結果から、ほんの一握りの多国籍企業が生物圏を支配していることが示された。五社の多国籍企業がパーム油市場の九〇％を支配し、三社がカカオ市場の六〇％を、八社が大豆市場の五四％を、三社が種子市場の

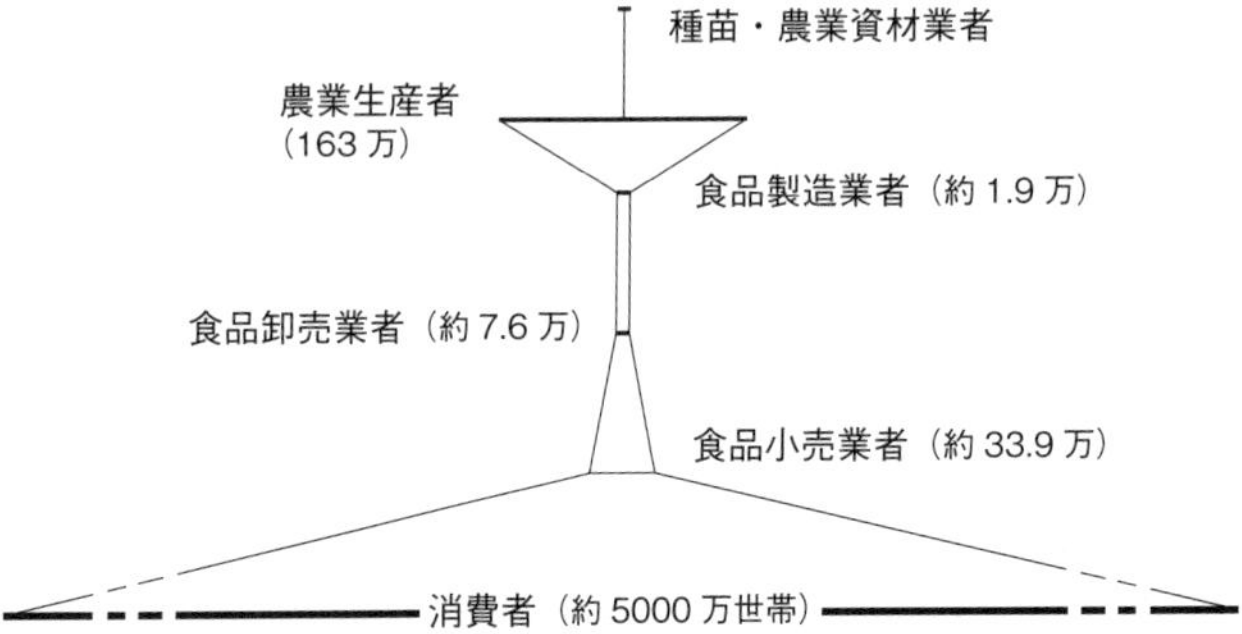

図1　食の各段階における集中度（日本）

注）Carolan（2012: 45-46）を参考に作成された図版を秋津（2014）より引用。業者数は2007年の値で、『工業統計表』『商業統計表』より。農業生産者数は販売農家数（2010年農林業センサス）の値。

六〇%を、四社が農薬市場の八四%を操っており、他にも挙げればきりがない。市場の大半がわずか数社の支配下にあり、各社が利益増加を目指していれば、より持続可能な経営への転換を促すのは困難であろう。

中でも最も影響力の高い企業が、種苗会社である。種子はご存知のように、食べものを育てるのに欠かせない。農家が農作物を収穫し、そこから種をとり、翌年その種を植えるというイメージがあるだろう。しかし、これは現実とは異なる。農家が自家採種できてしまうと、種苗会社は儲からない。そこで大手種苗会社は、収穫物に種がつかないように設計し、一回の植え付けでしか使用できない種を作った。また、種苗会社は新品種の遺伝子情報を知的財産として特許も得ており、その遺伝子情報が悪用（意図的かどうかは別として）されないよう独占・保護している。しかし、種苗会社が特許取得した遺伝子情報は、農家や先住民が長年にわたり生産・再生産してきた生物多様性に由来するものであり、環境活動家たちは、こうした行為を「バイオパイラシー」（生物資源の盗賊行為）と呼んでいる（Kloppenburg 2010）。食品会社は、私たちが食べるものに対しこれでもかと力を振りかざしている。このような現状の中で、フードシステムを取り返すには、とてつもない努力が必要となるだろう。

3　持続可能な食を実現するには

根本的な社会変化

私たちのフードシステム、つまり食べものの生産・消費・ガバナンスのあり方が、地球を破壊し、人類の長期的な生存を危機的状況に晒していることが明らかとなってきている。既存のシステムを少しずつ変えていくだけでは、とうてい対処しきれない問題である。将来にわたり、住みやすい地球環境を維持することに真剣に取り組むのであれば、残された時間は少ない、と科学は示している。唯一の選択肢は、フードシステムの変革である。そして、経済や文化と密接に結び付いているフードシステムを変革することは、社会そのものを大きく変えることにほかならない。

まず第一に、私たちは食べものを商品化し、利益のみで食べものを評価し、食べものの生産地や輸送距離を気にかけないような経済モデルから脱却しなくてはならない。いうまでもないが、食べものはただの商品ではない。食べものが必要不可欠であること、私たちのくらしにおけるよろこびの源であること、食を食たらしめるすべての要素について考えれば、それはすぐにわかることだ。食べものは単に経済的利益を生み出すための手段ではないのである。食は人間の不可侵権であり、利益追求のために他者に食べものを与えないのは、道徳的犯罪であると主張する者もいる（Lappe 2011）。

食料安全保障は、世界の遠く離れた場所の要因や状況に依存することなく維持されるべきである。日本人の大半は、国内の食料安全保障を確保するには、国内の自給率アップを優先すべきだと強く感じている。内閣府の特別世論調査では、回答者の八三％が日本の自給率の低さに懸念を示しており、八〇％は自給率を向上させる必要があると回答している（内閣府 二〇一四）。そのためには、経済合理性を後ろ盾とする論理に挑み、放棄させ、すべての人間と自然のためのオルタナティブモデルへと改革していかなくてはならない。

環境科学も気候科学も、私たちはエコロジカル・フットプリント（人間活動が地球環境に与えている負荷を測る指標）をもっと抑える必要があるとしている。それゆえに、地球への負荷を削減する機会があるのであれば、システムの変革に向けうまく利用しなくてはならない。立ち止まって、考えてみよう。

今日のあなたのくらしは、化石燃料を際限なく使用し、炭素を大量排出することに、どれだけ依存しているだろうか。もし二〇五〇年までに脱炭素社会の実現を目指すのであれば、パリ協定の目標達成に向け日本政府が合意した各国目標、つまり膨大な変化が必要であり、それは建築方法、エネルギーの使用方法、旅行や通勤の仕方、働き方や遊び方、子どもの教育方法など幅広い分野にわたる。そして、こうした変化はすべて、食べものの調達方法、家庭での調理方法、外食、そしておやつの食べ方にさえ、何らかの形で関係している。

また科学によって、技術的な解決策だけで、私たちが直面する数々の環境危機を乗り越えることはできないこともわかっている。もちろん、新しい（古い）技術も何かしら役割を担うだろうが、より喫緊に必要とされるのは、モノやエネルギーの消費量削減に直結する社会的イノベーションである。それは、よい健康的なくらしとは何かについて、そして自然との関わり方や敬い方について、定義しなおすことを意味する。

しかし、この変革されたフードシステムや社会は、どのような様相で、どのように機能するのだろうか。私たちはどのようにして、今までとは異なる形で食べものを生産するのだろうか。また、経済はどのように機能し、社会はどのように運営されるのだろうか。どのような新しい価値観や権利を見出す必要があるだろうか。そのようなシステムをどのように管理し、ガバナンスするのか。そして、私たちの都市や田舎の日常生活は、どのようなもので、どのように感じるだろうか。

社会変革の実現方法を考えることはもちろん、思い描くことは困難ではあるが、それが私たちの目の前に提示された取り組むべき課題なのである。

消費者から市民へ

これまでに、フードシステム、地球環境問題と様々なテーマで話を進めてきたが、ではこの本を手に取ってくれたあなた、つまり消費者の役割とは何だろうか。フードシステムを変えるために消費者としてできることは何だろうか。ちょうど自問自答したところかもしれない。

最も一般的なものとしては、「よりよい選択をすること」があるだろう。そのために必要なのは、まず情報である。食品の表示ラベルにきちんと目を通し「財布をもって投票する」ことが、持続可能な食を支持することにつながる。環境や気候に優しい食品を手に取る消費者の数が増えれば、その商品を取り扱う市場は発展し、食品会社や農家はより持続可能な取り組みへの転換を余儀なくされるという流れである。こうしたアプローチの第一の問題点は、消費者には、よりよい意思決定をするために必要な情報が十分に提供されていないことである。

食品会社は、表示ラベルを通じてその商品が持続可能なものか否かを消費者に伝える。オーガニック、フェアトレード、フリーレンジ（平飼い）、低化学肥料、ヘルシーなど、ラベルのリストは枚挙にいとまがない。こうしたエコラベルはジャングルのように消費者の前に立ちはだかる。よりよい選択をするためはうまく舵を取って進まなくてはならず、それは決してたやすいことではない。さらに、スーパーで目にする食品の大半について、その商品が誰によって、どこで、どのように生産されたのか、また、その商品を消費することで、どのような環境、健康、社会上の影響があるのか、という裏に潜む情報の全貌が消費者に伝えられることもない。というのも、食品会社が透明性を保ち、消費者に率直であろうとすることは、時に会社の利益と相反するからだ。そのため私たちは不完全な情報のみを与えられることになる。このような状況で、情報第一主義のアプローチが成功するはずがない。

そもそも情報第一主義というアプローチそのものに重大な欠陥があることは科学的に明らかにされている。第一に、消費者が十分に情報を得られる立場にあるとしても、より持続可能な商品の購入を希望するという姿勢があっても、本当にその選択が実現されているかどうかを裏付ける証拠はほとんどない（Tukker et al. 2008）。「知識と行動の不一致」、あるいは「態度と行動の乖離」と呼ばれるものであるが、人間の行動変容は決して単純なプロセスではないのである（Kollmuss & Agyeman 2002）。今日私たち個人に提示される環境に配慮した選択の多くは、行動分析学の「ABCモデル」を用いている。Aは態度（Attitude）、Bは行動（Behavior）、Cは変化（Change）を意味し、肯定的な態度はよりよい選択につながる行動を生むというものである（Shove 2010）。誰もが思い当たるだろうが、善意に満ち溢れた人でさえ、常に最も持続可能なものを選択できるとは限らない。私たちが実際に食べものに関し選択を下すときには、習慣、ルーチン、特定の商品や金銭へのアクセス、個人の能力、時間といった様々な要素が押し寄せ、非常に厄介な状況が生み出される。

消費者がよりよい選択をしたいと思いながら、いくつもの課題に直面しているのであれば、代わりに食品業界が選択を行うというやり方もある。持続可能な商品のみ店頭に並べれば、消費者は自動的によい選択をできる。何を選んでも必ずよい意思決定につながるように、場を設定すればよいのである。しかし、法律や規制に何か劇的な変化が起こって、食品業界にそのような取り組みが強制されるようなことでもなければ、望みは薄いだろう。

もう一つの選択肢は、主流のフードシステムから脱却し、農家と直に関わり、独自のオルタナティブなフードシステムを構築していくというものである。すでに多くの消費者が取り組みを始めている。生活協同組合は、消費者一人一人が出資し、組合員となって協同で運営する組織だが、多くの生協では農家と消費者をつなぐ産消提携の活動が行われている。そこには、健康的で安全かつ環境に優しい食品が、信頼と相互扶助に基づいて農家から消費者に直接提供されるべきという理念がある。生協にはまた、組合員、生産者、および加工業者間で意見交換を行うための手段も確立されている。しかし、コストや時間の制約のために、多くの消費者にとって選択肢となりえないのが現実である。

正しいことをしたいと思っているのであれば、消費者という肩書を捨て、市民として行動を始めるのも選択肢の一つである。「自分の財布をもって投票する」ことは、市民の食の取り組みという点では最低限のラインである。市民として声を上げること、よりよいフードポリシー策定に向け政府に圧力をかけるために組織化し、グループを形成すること、そして食品業界に透明性を高めるよう圧力をかけること。こうした行動一つ一つが必要とされている。特に、より持続可能なフードシステムの実現に必要な大規模な変化を考えるならば、なおさらである。

参考文献

秋津元輝　二〇一四「食と農をつなぐ倫理を問い直す」桝潟俊子・谷口吉光・立川雅司編『食と農の社会学——生命と地域の視点から』ミネルヴァ書房、二七五—二九二頁。

内閣府　二〇一四『食料の供給に関する特別世論調査』平成二六年一月版。

中田哲也　二〇〇六「『フード・マイレージ』を用いた地産地消の効果計測の試み」『フードシステム研究』一三（一）：二—一〇。

横塚眞己人　二〇一二『ゾウの森とポテトチップス』そうえん社。

Alexander, P., Brown, C., Arneth, A., Finnigan, J., Moran, D. and Rounsevell, M. D. 2017. Losses, Inefficiencies and Waste in the Global Food System. *Agricultural Systems* 153: 190-200.

Bar-On, Y. M., Phillips, R. and Milo, R. 2018. The Biomass Distribution on Earth. *Proceedings of the National Academy of Sciences* 115(25): 6506-6511.

Campbell, H. 2009. Breaking New Ground in Food Regime Theory: Corporate Environmentalism, Ecological Feedbacks and the 'Food From Somewhere' Regime? *Agriculture and Human Values* 26(4): 309-319.

Daily Mail 2015. China's Mega-farm… for 100,000 Cows: World's Biggest Dairy Being Built to Supply Russian Demand after Moscow Boycotted EU Exports. https://www.dailymail.co.uk/news/article-3157040/China-s-mega-farm-100-000-cows-World-s-biggest-dairy-built-supply-Russian-demand-Moscow-boycotted-EU-exports.html（最終閲覧二〇二〇年一〇月二七日）

Dutko, P., Ver Ploeg, M. and Farrigan, T. 2012. *Characteristics and Influential Factors of Food Deserts, ERR-140*. Washington D. C.: U. S. Department of Agriculture, Economic Research Service.

Eitelberg, D. A., Vliet, J. and Verburg, P. H. 2015. A Review of Global Potentially Available Cropland Estimates

and their Consequences for Model-based Assessments. *Global Change Biology* 21(3): 1236-1248.
FAO 2011. *Global Food Losses and Food Waste*. Rome: Food and Agriculture Organization of the United Nations.
FAO 2018. *World Livestock: Transforming the Livestock Sector through the Sustainable Development Goals*. Rome: Food and Agriculture Organization of the United Nations.
FAO 2019. *The State of the World's Biodiversity for Food and Agriculture*. Rome: FAO Commission on Genetic Resources for Food and Agriculture.
FAO, IFAD, UNICEF, WFP and WHO 2019. *The State of Food Security and Nutrition in the World 2019: Safeguarding against Economic Slowdowns and Downturns*. Rome: Food and Agriculture Organization of the United Nations.
FAOSTAT 2020a. FAOStat "Live Animals: World, All Items, Stocks, 2008-2018." http://www.fao.org/faostat/en/#data/QC（最終閲覧二〇二〇年一〇月二五日）
FAOSTAT 2020b. FAOStat "Production: All Items, World, Production Quantity, 2018." http://www.fao.org/faostat/en/#data/QC（最終閲覧二〇二〇年一〇月二五日）
FAOSTAT 2020c. FAOStat "Production: Oil Palm Fruit, South East Asia, Area Harvested, 2003-2013." http://www.fao.org/faostat/en/#data/QC（最終閲覧二〇二〇年一〇月二六日）
Fardet, A. and Rock, E. 2020. Ultra-Processed Foods and Food System Sustainability: What Are the Links? *Sustainability* 12(15): 1-29.
Foley, J. A., DeFries, R., Asner, G. P., Barford, C., Bonan, G., Carpenter, S. R. and Helkowski, J. H. 2005. Global Consequences of Land Use. *Science* 309(5734): 570-574.

Folke, C., Österblom, H., Jouffray, J. et al. 2019. Transnational Corporations and the Challenge of Biosphere Stewardship. *Nature Ecology & Evolution* 3: 1396-1403.

Friedman, T. L. 2005. *The World is Flat: A Brief History of the Twenty-first Century*. New York: Farrar, Straus and Giroux.

Hall, D. 2020. National Food Security through Corporate Globalization: Japanese Strategies in the Global Grain Trade since the 2007-8 Food Crisis. *The Journal of Peasant Studies* 47(5): 993-1029.

Helble, M. and Sato, A. 2018. *Wealthy but Unhealthy Overweight and Obesity in Asia and the Pacific: Trends, Costs, and Policies for Better Health*. Tokyo: Asian Development Bank Institute.

IPBES 2019. Summary for Policymakers of the Global Assessment Report on Biodiversity and Ecosystem Services of the Intergovernmental Science-Policy Platform on Biodiversity and Ecosystem Services. S. Díaz et al (eds.), Bonn: IPBES Secretariat.

IPCC 2018. Summary for Policymakers. In V. Masson-Delmotte, et al. (eds.), *Global Warming of 1.5°C: An IPCC Special Report on the Impacts of Global Warming of 1.5°C above Pre-industrial Levels and Related Global Greenhouse Gas Emission Pathways, in the Context of Strengthening the Global Response to the Threat of Climate Change, Sustainable Development, and Efforts to Eradicate Poverty*. Geneva: World Meteorological Organization, pp.1-24.

Khoury, C. K., Bjorkman, A. D., Dempewolf, H., Ramirez-Villegas, J., Guarino, L., Jarvis, A., Rieseberg, L. H. and Struik, P. C. 2014. Increasing Homogeneity in Global Food Supplies and the Implications for Food Security. *Proceedings of the National Academy of Sciences* 111(11): 4001-4006.

Kloppenburg, J. 2010. Impeding Dispossession, Enabling Repossession: Biological Open Source and the

Recovery of Seed Sovereignty. *Journal of Agrarian Change* 10(3): 367-388.

Kollmuss, A. and Agyeman, J. 2002. Mind the Gap: Why Do People Act Environmentally and What Are the Barriers to Pro-environmental Behavior? *Environmental Education Research* 8(3): 239-260.

Lappe, A. 2011. Who Says Food Is a Human Right. *The Nation*. https://www.thenation.com/article/archive/who-says-food-human-right/（最終閲覧二〇二〇年一〇月二七日）

Le Quéré, C., Jackson, R. B., Jones, M. W., Smith, A. J., Abernethy, S., Andrew, R. M., De-Gol, A. J., Willis, D. R., Shan, Y., Canadell, J. G. and Friedlingstein, P. 2020. Temporary Reduction in Daily Global CO_2 Emissions during the COVID-19 Forced Confinement. *Nature Climate Change* 10: 647-653.

Lowder, S. K., Skoet, J. and Raney, T. 2016. The Number, Size, and Distribution of Farms, Smallholder Farms, and Family Farms Worldwide. *World Development* 87: 16-29.

Merrifield, K. 2010. The Secret Life of Soil. Oregon Extension Service Blog. https://extension.oregonstate.edu/news/secret-life-soil（最終閲覧二〇二〇年一〇月二七日）

Millstone, E. and Lang, T. 2008. *The Atlas of Food: Who Eats What, Where, and Why*. Berkeley: University of California Press.

Monteiro, C. A., Cannon, G., Lawrence, M., Costa Louzada, M. L. and Pereira Machado, P. 2019. *Ultra-Processed Foods, Diet Quality, and Health Using the NOVA Classification System*. Rome: Food and Agriculture Organization of the United Nations.

Nanditha, A., Ma, R. C., Ramachandran, A., Snehalatha, C., Chan, J. C., Chia, K. S., Shaw, J. E. and Zimmet, P. Z. 2016. Diabetes in Asia and the Pacific: Implications for the Global Epidemic. *Diabetes Care* 39(3): 472-485.

PRNewswire. 2020. Global & Regional Food & Grocery Retailing, 2017-2022: Market Size, Forecasts, Trends, and Competitive Landscape. https://www.prnewswire.com/news-releases/global--regional-food--grocery-retailing-2017-2022-market-size-forecasts-trends-and-competitive-landscape-300869494.html（最終閲覧二〇二〇年一〇月二七日）

Ritchie, H. 2017. How Much of the World's Land Would We Need in Order to Feed the Global Population with the Average Diet of a Given Country? OurWorldInData.org. https://ourworldindata.org/agricultural-land-by-global-diets（最終閲覧二〇二〇年一〇月二六日）

Ritchie, H. and Roser, M. 2017. Obesity. OurWorldInData.org. https://ourworldindata.org/obesity（最終閲覧二〇二〇年一〇月二五日）

Secretariat of the Convention on Biological Diversity 2020. *Global Biodiversity Outlook 5*. Montreal: Secretariat of the Convention Biological Diversity.

Shove, E. 2010. Beyond the ABC: Climate Change Policy and Theories of Social Change. *Environment and Planning A* 42(6): 1273-1285.

Tomlinson, I. 2013. Doubling Food Production to Feed the 9 billion: A Critical Perspective on a Key Discourse of Food Security in the UK. *Journal of Rural Studies* 29: 81-90.

Tukker, A., Cohen, M., de Zoysa, U., Hertwich, E., Hofstetter, P., Inaba, A., Lorek, S. and Sto, E. 2008. The Oslo Declaration on Sustainable Consumption. *Journal of Industrial Ecology* 10(1-2): 9-14.

Vivero-Pol, J. L. 2017. Food as a Commons or Commodity? Exploring the Links between Normative Valuations and Agency in Food Transitions. *Sustainability* 9(3): 1-23.

Wilcove, D. S., Giam, X., Edwards, D. P., Fisher, B. and Koh, L. P. 2013. Navjot's Nightmare Revisited: Logging, Agriculture, and Biodiversity in Southeast Asia. *Trends in Ecology & Evolution* 28(9): 531-540.

Williams, C. 2019. The 'Great Dying' Has Begun. Only Transforming the Economy Can Stop It. *One Zero.* https://onezero.medium.com/the-great-dying-has-begun-only-transforming-the-economy-can-stop-it-4eadd8f7ccf8（最終閲覧二〇二〇年一〇月二七日）

World Resources Institute 2018. *Creating a Sustainable Food Future: A Menu of Solutions to Feed Nearly 10 Billion People by 2050*（*Synthesis Report*）. Washington D. C.: World Resources Institute.

WTO（World Trade Organization）2019. *World Trade Statistical Review 2019.*

第1章

食の想念を描きなおす

クリストフ・D・D・ルプレヒト
（小林優子訳）

© AOI Landscape Design 吉田葵

1　何が社会変化を阻むのか

私たちは現代の食に麻痺している

既存のフードシステムが私たちのニーズを満たせていない上、地球を破壊しているのであれば、なぜ私たちはシステムを変えようとしてこなかったのだろうか。そこには驚くほど多くの理由があり、中には特に目を引くものもある。

まず第一に、現状維持に努めたい、あるいは少なくとも必要とされる根本的な変化を避けたいという考えがある。私たちの経済の大部分は、フードシステムとつながっている。企業は、農業、食品加工、小売、飲食業界などで、自然と労働者を搾取することで利益を得ており（Patel 2012）、資本主義下では、人々のくらしや環境に配慮するためのコストを下げたり外部化したりすることで利益を最大化する企業が、ライバル企業に打ち勝つ。したがって、企業の関心は、自社が利益を得られる条件を維持することにあり、よりよく、より公正で、より持続可能なフードシステムを作ることにはない。

労働者も短期間で大きな変化が生じることについて、自分や家族にどのような影響を与えるのかわからないという不確実性を恐れずにはいられない。そのような変化は将来的には自分たちの利益となるかもしれないが、やはり天秤にかけてしまうだろう。

政治家はそうした彼らの弱みに付け込み、失業の心配をするふりをして、変化に向けた提案を退ける。そして、国政、さらには国際交渉の場で、政策決定・意見形成のロビー活動に巨額の民間投資が行われ、こうした動きは強化される。一般市民が政策決定や意見形成に声を届ける方法はほとんどなく、民意が反映されることがあったとしても、ごくわずかである。その結果、食品安全規制はより複雑なものになり、代替案を試験運用するコストが法外なものになるなど、現状をさらに塗り固めていく法律や規制が作られていく。こうした決定の大半は、フードシステムの性質やその後の選択に長期間にわたり影響を及ぼし、経路依存性から、将来の変化はますます起こりにくくなる（Oliver et al. 2018）。

第二の理由は、社会システムとフードシステムの仕組みに深く関係している。一部の人が、他の人より大きな権力や多くの資金、知識、スキル、特権を保有しており、特権と地位を守れるように社会やフードシステムのルールを左右しうる立場にある。裏返すと、女性、子ども、労働者、マイノリティ、障害者、移民など、特権階級が作り上げたルールによって不利な立場にある人々にとって、社会的変化を生み出すことははるかに困難である。

ここで、「交差性」の概念（Williams-Forson ＆ Wilkerson 2011）について考えよう。交差性は、こうした要素がしばしば重なり合っていることを示す。例えば、一流私立大学を卒業し、父親の跡を継いで国会議員や会社経営者となる中年男性は、重労働の末に障害を抱える老いた両親の介護費用を賄うために、高校卒業後すぐに働き始めなければならなかった女性に比べれば、社会変革に影響を与える上での課題がはるかに少ないだろう。「人生ゲーム」で考えてみよう。あるプレーヤーはお金やよい仕事など有利な条件でスタートし、別のプレーヤーは不利な条件でスタートするとする。労働倫理、勤勉さ、まじめさ、頑張ることが最も重要だと主張を繰り返す一方で、お金と地位を成功した人生と同一視することで、私たちは自分自身と子どもたちに嘘をつき続けていることになる。

第三の理由は、すべての出来事には理由があると考える私たちの信念にある。それを、当たり前と呼ぼうが、常識あるいは社会秩序と呼ぼうが、（少なくとも劇的には）変わらないものだと信じている。そう信じることで、この「常識」とされるものが世代によって大きく異なることを無視している。若者にとって、二四時間営業のコンビニのない生活など考えられないだろう。

また、私たちは、自分が「当たり前」と思っていることは、周りの人や同じ場所に住む人たち、そして自国や同じ文化アイデンティティを有する人たちにも共有されていると考えがちである。同時に、文化の多様性を喜んで比較し、物事のやり方の違いに驚嘆する。また、「当たり前」に疑問を呈する人は、平和を乱し、トラブルを起こす、面倒くさい、馴染めない、帰属感がない人と見られがちである。私たちは、無意識に彼らの性格や出身を判断したり、私たちと違う理由を見つけようとする。そうすれば、彼らのもつオルタナティブな見解やアイデアについて真剣に考えなくていいからである。どうして彼女は肉も魚も食べなくて平気なのか。確かに、工業的畜産が気候変動と深く関連していることは新聞で読んだことがあるけれど……。これまでやってきたことを続け、社会の中ですでに主流派の真実となっていることに沿っているほうが簡単だ。

しかし、私たちの中から、物事が違っていてもよいのではないかという疑問の声が上がることもある。料理やガーデニング、友人と一緒に食事をする時間もなく長時間働く、という選択に代わるものは本当にないのだろうか。子どもたちに、地元で採れた食材で作った美味しい給食を、作りたての状態で食べてもらう方法は本当にないのだろうか。私たちにとって一番よい食べものは何かを考えるときに、食品会社を信頼するだけで本当にいいのだろうか。しかし、私たちは自分の内なる声を無視するすべを身に着けてきた。そして、家族や友人、同僚に疑問を打ち明け話すことのリスクは、期待できる見返りよりも大きく感じられる。結局のところ、私たちには、直面する問題から距離を置き、現在のフードシステムとは異なるフードシステムはどのようなものであるかを思い描くことは難しいのである。

「情報の失敗ではなく想像力の失敗」

今日、私たちは人類史において、かつてないほど多くの情報にアクセスできる環境にある。国や世界のフードシステムは不透明なままであるが、引き起こされている問題は明らかだ。序章で述べたように、消費者により多くの、あるいはよりよい情報を提供しても、根本的な変化につながらない理由は数多くある。では、より力強い、組織化されたアクターはどうだろうか。よりよい情報があれば、政府や企業は変化を起こすだろうか。

前述したように、企業は変化を避けようとする。さらに、企業は自分たちのビジネスに影響を与える情報を上手く取捨選択する。エクソンモービル、フォードモーター、ゼネラルモーターズは、長年にわたり気候変動問題を認識していたが、その情報に基づいた取り組みを行うことはなかった（Corbett 2020）。政府も同様である。今日でも多くの科学者は、自分たちの役割は正確なデータを提供することであり、それを踏まえて政策立案者が法律や規制を変えることで問題解決につなげることができると考えている。しかし、この相互作用はどんどん機能しなくなってきている。企業と同様に、政府も何十年も前から気候変動や生物多様性の喪失を認識してきた。にもかかわらず、日本政府はいまだに石炭火力発電所の新設を計画しており、厳しい批判を受けている。その理由は、社会システムや民主主義の構造に関係しているが、ここで重要なのは、情報を持つことと、それに基づいて行動することはまったく別のものであり、このギャップは個人と集団の二重のレベルで存在するということである。

立ち上がって、小さく一歩を踏み出してみてほしい。足の動きやバランスがどう移動しているか、一瞬で元の位置から一歩前に立っている姿を想像できるだろう。次に、崖の前に立っている自分を想像してみてほしい。崖の反対側に到達することは不可能ではないが、崖を飛び越えないとならないし、反対側に何が待ち受けているかもわからない。しかし、あなたが今立っている崖はゆっくりと崩れていき、待てば待つほど、助走に必要な距離も減っていく。不確実性、不安、恐怖を乗り越えるために、飛び越えた後の自分を想像してみよう。あなたは、疲れ果て、震えており、新しい課題も待ち受けているが、同時に、生きていて安全で、新しい状況を最大限に活用することもできる。想像することで、理性的な心、感情、身体が一体化し、飛び越える準備ができるのである。これは、迫りくる危機を単に把握するだけでは、成しえないことである。

「地球や自然が徹底的に崩壊していくことを想像するのは、今日の私たちにとっては、後期資本主義の崩壊を想像するより簡単なことのように思える。それは恐らく、私たちの想像力の脆弱性が原因であろう」(Jameson 1994: xii)。

「環境問題に対する取り組みの失敗とは、情報の失敗ではなく想像力の失敗である」(ジョン・ロビンソン教授の言葉。Zammit-Lucia 2013より引用)。

こうした発言が示唆するように、もし、よりよいフードシステムへつながる鍵が、私たちの想像力の中にあるとしたらどうだろうか。私たちは、世界中で起きている環境破壊やその悪化する状況について、多くの情報を有している。何千人もの科学者の努力のおかげで、私たちは日々、私たちが立っている崖がいつ、どのような形で崩れていくのかを、よりしっかり理解することができる。それに比べて、私たちが飛び越えた後にどのような世界があるのかを探ることに費やされる資金はずっと少ない。そして、ここでは未来をテーマにしているため、物事がどのように展開するかを精密に予測（predict）して対策することはできず、洞察（anticipate）して備えるしかないのである。

つまり、私たちは個人としても集団としても想像力を働かせ、空白を埋めていかなければならない。その新しい世界で、私たちはどのように食べものを育て、収穫し、分配し、調理し、食べているのだろうか。これらの行動を取ることはどのような感じだろうか。そして私たちはどう思い感じるのだろうか。これらを想像することができなければ、私たちは飛び出す勇気を失い、足元の地面が崩れていく運命を嘆くことしかできない。

なんと難しい作業だと思ったかもしれない。想像力を働かせることは、私たちがクリエイティブなプロでもない限り、不慣れな作業だろう。しかし、一度始めてしまえば、すぐに爽快感に魅了され、癖になることさえあるだろう。突然、目の前のテーブルにすべてのコマが並んでいるのである。無限の可能性があり、私たちは疑問があれば、抑えつけることなく声を上げればいい。研究者たちは現在、様々な技法を用いて、私たちに集団として想像することを促している。中でもよく使われている手法の一つが、ビジョニングとバックキャスティングのワークショップを組み合わせたものである（Mangnus et al. 2019）。三〇年後のあなたの街のフードシステムの理想像はどのようなものだろうか。こうしたワークショップの参加者は、最初は戸惑うものの、だんだんと大胆に、自分たちのアイデアや希望、夢を語り出す。そして、いったん行先が決まれば、そこに辿り着くまでに何が必要かを特定できるだろう。つまり、明日、一〇年後、二〇年後へと、一歩一歩、よりよい世界を作るために具体的に取り組むことができるのである。最近では、ゲームやアート、文学などものプロセスをサポートするために使われている。現在とは異なる社会的役割を担っている自分を想像することで、新たな視点や発想を得ることができるだろう。しかし、想像力を試す中で、私たちを取り巻く「見えない檻」にも気づくことになるだろう。

見えない檻としての想念

社会変容の多くは構造的要因によって阻まれているが、社会変容に取り組むためには、まず私たちの集団的想像力を取り囲む「檻」の細かく編まれた金網を見る必要がある。私たちはいつ、どのようにして、ある想像について、現実からあまりにもかけ離れていて、自分たちには関係ないと判断するのだろうか。私たちが、何もないのに崖から飛び出すこと、あるいは飛べると思って窓から飛び出すことを思い描くのを、何が防げているのだろうか。

新しいアイデアに対する批判で最も強力かつ一般的なものは、「非現実的」と決めつけることであろう。既得権益に基づく利己的な主張をさておくと、この保守主義は、ある種の保護メカニズムとして理解することができる。フードシステムのようなものを根本的に変えるには、潜在的に大きなリスクが伴い、軽率に進めることはできない。私たちの想像力は時として、あまりにも強力になるため、すべての社会には、新しいもの、漸進的なもの、革新的なもの、過渡的なもの、変革的なもの、急進的なもの、革命的なもの、あるいは極端なものを評価するメカニズムが備えられている。

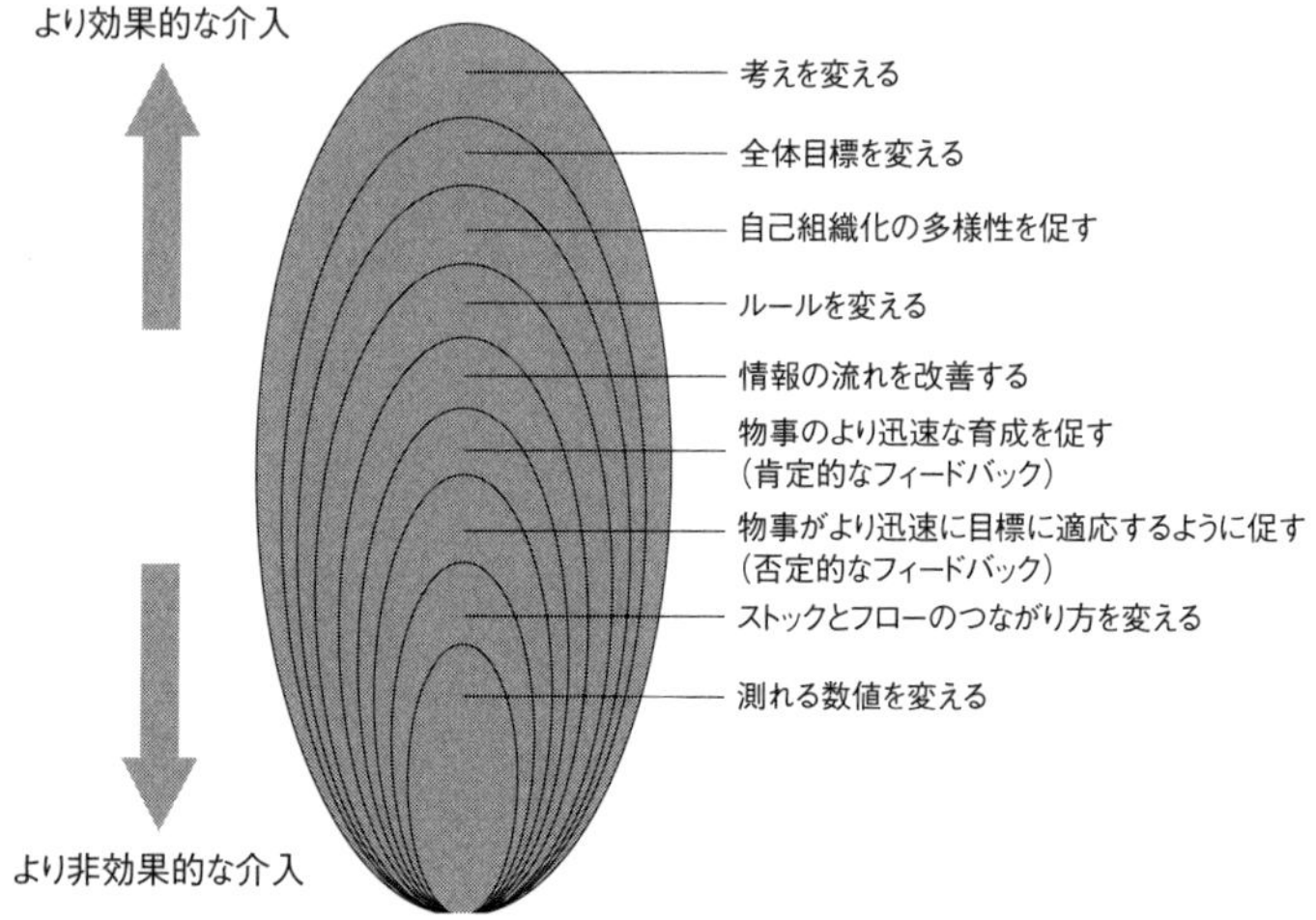

図2　システムへの介入ポイント

出所）Meadows（2009）を改変。

どんな社会も変化なしには存続できないが、変化の速度がある一定の閾値を超えると、社会的コンセンサスが崩壊する危険性がある。

このように、社会システムの研究者は、システムへの介入ポイントが強力であればあるほど、介入が必然的に難しくなるとしている（Meadows 2009）。当然のことながら、科学者や政策立案者は、ほとんどの場合、達成が容易かつ効果が限定的な介入、例えば、税金や食料生産や消費に関わる補助金の金額の改訂といった介入ばかりに着目している。私たちの集団的想像力を取り囲む見えない檻は、このようにして、効果は大きいが、急進的で混沌とした変化が起きないようシステムを守っている。

特に戦後は、多くの人が自分たちは正しい道を歩んでいると感じていただろう。高度経済成長期には過剰な環境汚染などの問題があったものの、ほとんどの人にとって繁栄は増進しているようであった。私たちは、こうした繁栄が持続不可能なものであると理解している。そして、私たちの目の届かない、先進国のような民主主義の政府を持たない途上国で、自然と、そこに住む人々を搾取して成り立っていることも知っている。すでに議論した現代資本主義のフードシステムの三つの原則（一切すべてが商品であること、何よりも利潤追求が優先されること、生産と場所は結び付きがないこと）は、私たちを誤った道へと送り込んだ。そして、私たちは革新的変化がなければ、大惨事を避けることのできない状況に陥っている。私たちが劇的に異なる未来を想像することを妨げる「目に見えない檻」は、突如として、私たちと地球を共有する生き物を捕らえる死の罠に変わる恐れがある。私たちは、社会と想像力、そして社会的イマジナリー（想念）の見えない檻の間にどのような相互作用が働いているのかを、早急に理解しなければならないのである。

2　想念と社会的想念

想念――カストリアディス「想念が社会を創る」より

研究者たちは長年にわたり、社会や社会変容を理解しようとしてきた。社会は複雑な現象であるため、そのアプローチや研究方法は無数にある。先に進む前に、なぜ本書では「社会的想念（ソーシャル・イマジナリー）」が社会変革に有用であると主張するかについて説明しておきたい。

前節から私たちは一つのヒントを得た。持続可能なフードシステムの構築に向けた軌道修正を行うためには、システムの目標を再設定したり、私たちの考え方を変えたりするなど、抜本的な変化が必要となる。では、どのような新しいアプローチがありえるだろうか。図3にその概要を示すが、これらのアプローチのすべてが有効かつ有用であることに注意してほしい。まず「自然との関係」について、序章では、私たちが自然とどのように関係しており、それがどのようにフードシステムに表れているのかについて、幅広い研究を挙げて、議論を進めてきた。

化石燃料を必要とする機械や作業の自動化、あるいは農薬や遺伝子組み換え作物品種など様々な例が示すように、「テクノロジー」はフードシステムを変える上で、この上なく重要な役割を担っている。「生産様式」「社会的関係」、生産者と消費者が日々のくらしを繰り返し営む方法、すなわち「日々のくらしの再生産」は、小規模な家族経営の農場と大規模な工業的アグリビジネスの間では根本的に異なるだろう。そして、これらすべてのアプローチは、フードシステムに留まらず、社会全体を形成していく。本書では、二つの理由から、私たちが世界に対して抱く精神的観念に焦点を当てる。第一に、前述したように、現代の資本主義的フードシステム（商品化、利益追求、生産と場所の乖離）に即して世界を眺め続けていては、根本的な変化は不可能だからである。そして第二の理由は、カストリアディスの社会変革の理論に関連する。この理論では、変化を起こすには構造的障壁が多くあるため、消費者活動のような個人の行動の可能性は制限されがちになると認識する

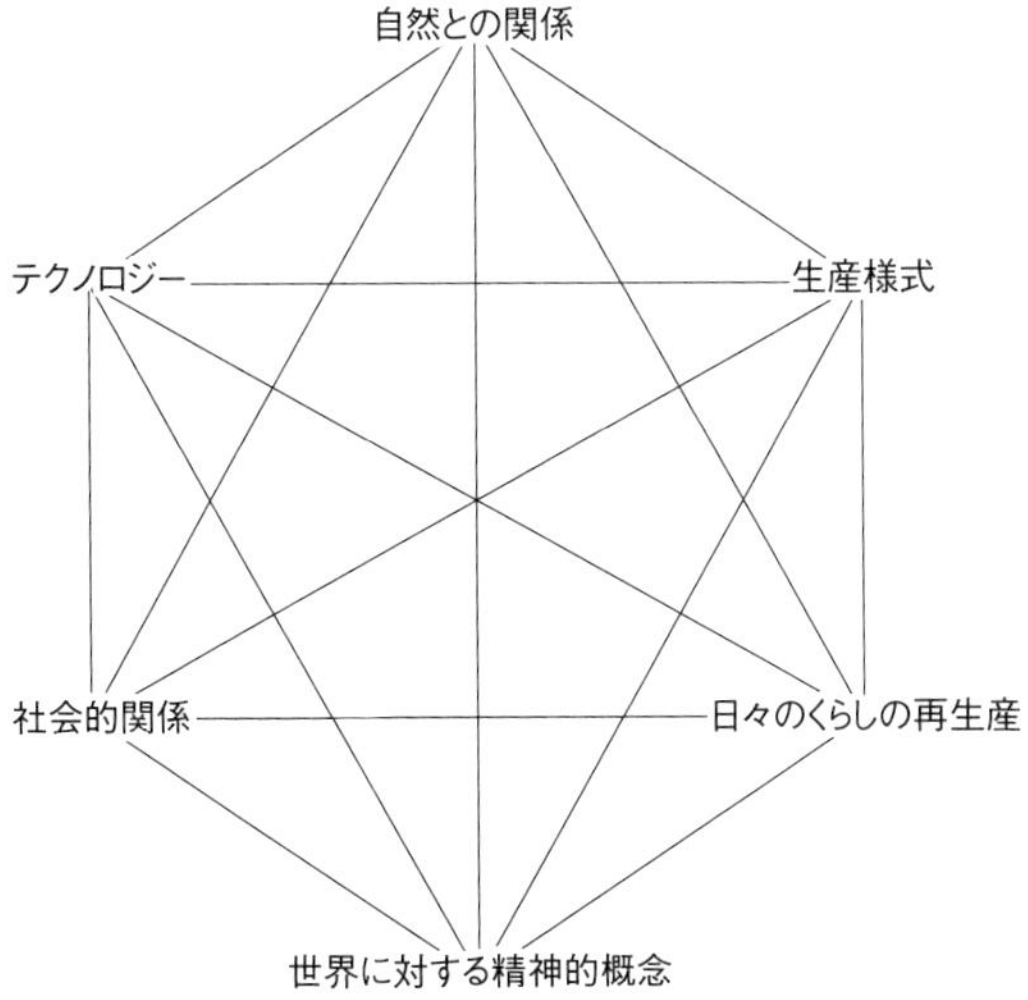

図3　社会へのアプローチ

出所）Harvey（2010: 195）の図より改変。

が、同時に、個人は無力であるという考え方を否定する。なぜなら、私たちの想像力は、私たち自身、そして社会をも変えていく力を備え持つからである。

「社会を一緒に維持するものは何か」「社会の異なる形や新しい形をもたらすのは何か」（Castoriadis 1997: 5f）――これが、ギリシャ出身でフランスで活動した哲学者、経済学者、精神分析家であるコルネリュウス・カストリアディス（一九九二～一九九七）の研究の核を成す問いである。前者は、私たちが身の回りに見出すものについて、意味を定めようとする。信じられないほど複雑な社会が団結、結束、組織化し、一つとなる。カストリアディスは、社会を一つにまとめるものは「社会全体としての制度」、つまり「物事を扱う規範、価値観、言語、ツール、手順、方法」

などのいわゆる制度を通して、社会そのものが独自に完全な世界を創造しようとすると主張する（Castoriadis 1997: 6）。これには、社会的な個人の創造も含まれる。社会的な個人には、いわゆる制度すべてが含まれ、不朽なものとなっている。彼は問いかける。

「あなたが考えたり、物事を見たり行ったりするときに、［中略］言語、あなたの世界を動かしている組織、あなたの最初の家族環境、学校、あなた自身が常にさらされている〝するべき〟あるいは〝すべきではない〟という事柄、あなたの友、世論などの［中略］意味や構造によって、ある程度条件づけられたり、共同的に決定されていない部分はどこだろうか。私たちはみな、そもそもが、私たち自身が属する社会の制度という『全体』の生きた断片なのである」（Castoriadis 1997: 7. 傍点筆者）。

制度はそれ自体が、複雑に絡まり合った意味作用の網から作り出される。カストリアディスは、これを「社会的想念の諸意味作用のマグマ」と呼んだ。制度を作り出す意味作用の例としては「霊・神々・唯一神、ポリス・市民・国民・国家・政党、商品・貨幣・資本・金利、タブー・美徳・罪、［中略］、また、特定の社会で指定されている男／女／子ども」などがある（Castoriadis 1997: 7）。彼はこれらを「想念（イマジナリー）」と呼んでいる。なぜなら、これらの意味は現実に存在する事物から独立していながら、集団によって定められ、共有された場合にのみ存在するからである。彼の議論では、このような言葉の意味は常に確定せず、開かれており、社会の中で定められてはじめて作用するのである。このようにして、社会的想念の諸意味作用のマグマは、様々な、いわゆる制度を介して、社会を創出し、社会的個人としての私たちを形成し、そして私たちはそれを再生産していくのである。

想像力を刺激することで社会を変える

では、新たな社会の形はどのように出現するのだろうか。カストリアディスは、その形態を閉鎖性と開放性、あるいは他律性《ヘテロノミー》と自律性《オートノミー》として区別している（Castoriadis 1997: 17）。他律社会は、そのルールを社会の外から取り入れ、その意味や解釈を閉鎖する。対照的に、自律社会とは以下のようなものである。

「制度そのもの、世界の表象、諸々の社会的想念の諸意味作用を問う。これは当然ながら、民主主義と哲学の創造によってもたらされるものである。両者とも、それまで優勢だった制度化された社会の閉鎖を打ち破り、思考と政治の活動が所与の社会制度と世界の社会的表象だけでなく、あらゆる形式のもととなるものについて、繰り返し問うような空間を開く。このとき自律性とは、これから、多かれ少なかれ、はっきりしていく社会の自己制度化を意味する。私たちは法を作り、法を知り、法に対して責任を負い、『なぜ、ほかでもなくこの法なのか』と毎回自問しなければならない」（Castoriadis 1997: 17）。

しかし、そこには問題が残る。疑問を投げかけることのできない法や考えがあるとしたらどうすべきだろうか。現代の資本主義的フードシステムでは、食べものが商品であるべきかどうか、利益が何よりも重要であるべきかどうか、あるいは生産が本当に場所とつながらなくてもよいものかどうかについて、問う余地がない。カストリアディスの論理に従うならば、現代のフードシステムは私たちを麻痺させているといえるだろう。なぜなら、フードシステムは他律社会の一端を成すものだからである。そこでは、民主主義の欠陥のために、私たちに選択の自由があるという錯覚のみが与えられており、疑問を投げかける余地はほとんど与えられていない。

社会変容の第一歩として現状に疑問を呈するために、私たちには想像力が必要である。私たちが異なる世界を想像することができなければ、その世界を構築することなどとてもできない。カストリアディスは、異なる世界を想像する能力を「ラディカル・イマジネーション」と表現する。「あるものの中にないものを見たり、あるものとは別のものを見たりする能力」(Castoriadis 1987: 81)である。ラディカル・イマジネーションにより、新たな社会的想念の意味を創り出すことが可能となり、そうして創り出された新たな社会的想念には、社会を変化させ、急速な移行を開始させる力がある。

ラディカル・イマジネーションの例として、彼は西欧における資本主義の台頭を挙げている。もし、新しい社会が、一種の新ダーウィン主義的な法則に従うように生じるとすれば、私たちは、まず大量かつ無作為な社会の形態の変異が生じ、それが自然選択により淘汰され、資本主義が唯一「適合する」社会形態として生き残るのを目撃することとなるはずだ。しかし、実際はそうではなかった。その代わりに、新しい社会的想念の意味が現れたのである。「(そもそも、生産力の無限の拡大において備えられた)『合理的な』支配の無限の拡大」(Castoriadis 1997: 158)、つまり商品と利益に照準を据えた現代資本主義的フードシステムの論理の源流である。脱成長論者のラトゥーシュは、私たちの社会的想念は資本主義に植民地化されており、そのために経済成長に執着しているとも論じている(Latouche 2015)。

決して簡単とはいえないが、私たちのやるべきことが明らかとなっただろう。社会を変え、フードシステムをありのままでなく、違ったものとして見るためには、想像力を刺激し、育てることが必要である。そのためには、フードシステムの枠組みを超えて考えることも必要になるだろう。カストリアディスが主張するように、

「求められているのは、過去に類を見ないスケールの新しい社会的想念の創造であり、生産と消費の拡大とは別の意義を人間のくらしの中心に据える創造であり、人生の目標を、人間が追求する価値があると思えるようなこれまでとは異なるものにするだろう。〔中略〕このように、私たちが直面すべき困難は計り知れない。経済的価値が中心的(あるいは唯一)でなくなり、経済が人間のくらしの最終目的ではなく、単なる手段として再び位置付けられ、それゆえに増大し続ける消費へと向かう狂気の競争を放棄するような社会を望まなければならない。それは、地球環境の決定的な破壊を避けるためだ

けでなく、現代人の心理的・道徳的な貧困から逃れるためにも、とりわけ必要である」（Castoriadis 2003: 143f）。

そんな膨大な作業をどこからどうやって始めればいいのか。もちろん最初の第一歩からである。まず、「よい食」とは何かを一緒に考えてみよう。

3 「よい食」と「悪い食」

「よい食」と聞いて真っ先に思い浮かぶものは何だろうか。本を置いて一、二分考えてみてほしい。さて、何が思い浮かんだだろうか。では、次に「悪い食」とは何だろうか。

この二問は、単純だが、大きな力を秘めている。こう問いかけられれば、年齢、職業、ジェンダー、国籍に関係なく、誰でもすぐに何らかのイメージが浮かんでくるだろう。食べものは私たちをつなぐだけでなく、私たちの存在の根幹にまで及ぶものである。だからこそ、食の良し悪しは、多くの人が共有するものであると同時に、非常に個人的でもある。特に、よい食に関する考え方は、私たちのフードシステムを再検討するにあたり、方向性を示すのに役立つ。私たちにとって本当に大切なものは何だろうか。

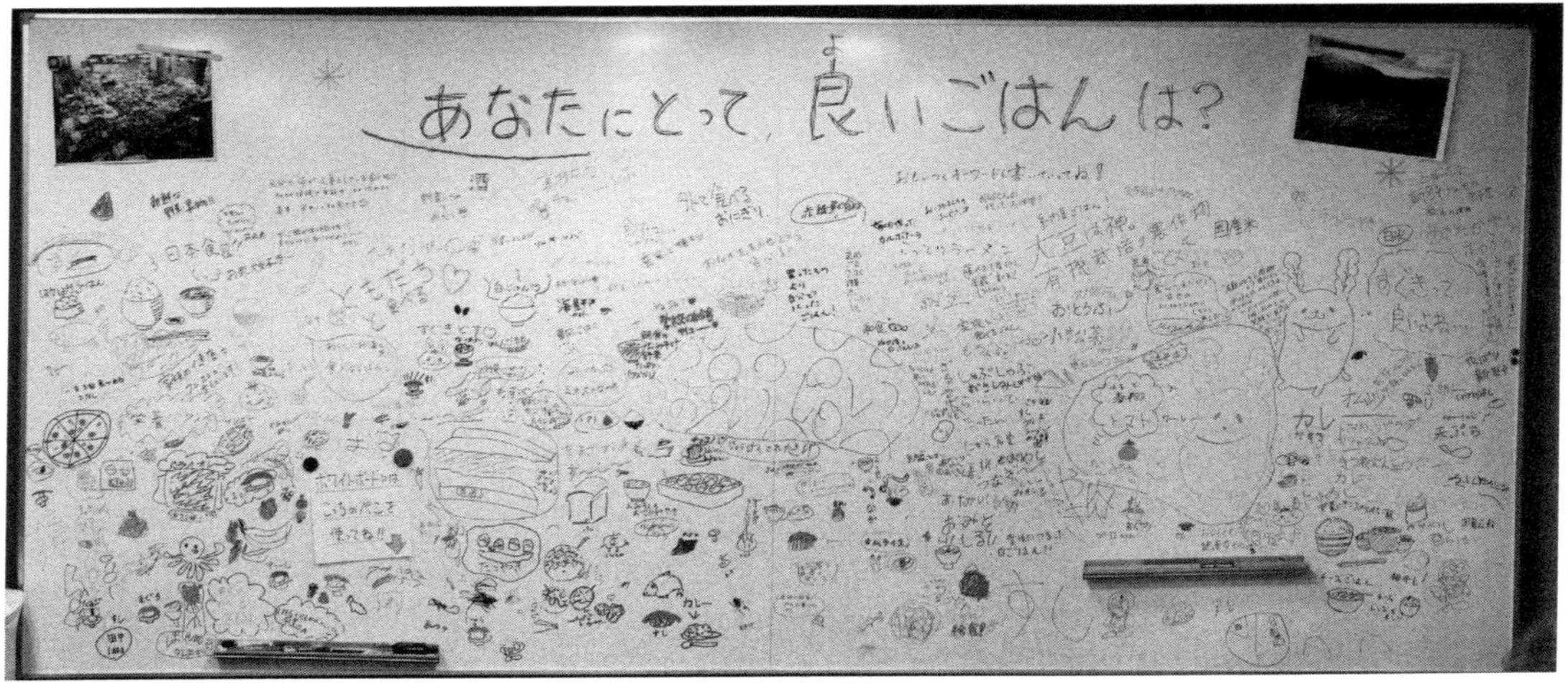

写真1　2016年度地球研オープンハウスにて実施した「あなたにとって良いごはんは？」ワードクラウド

総合地球環境学研究所では毎年、広く地域の方々との交流を深めることを目的として、研究所の施設や研究内容を紹介するイベントを開催している。このイベント「地球研オープンハウス」は、夏休みに開催され、多くの親子連れの来場者がある。「よい食」「悪い食」について人々が持つイメージを探るため、FEASTプロジェクトでは、二〇一六年度および二〇一七年度のオープンハウスにて、何百人もの来場者を対象に「あなたにとって良いごはんは？」と「あなたにとって良くないごはんは？」のワードクラウドを実施した。来場者の回答を、写真1と2にて見ていただきたい。

その結果は魅惑的なものとなった。来場者間の会話がありとあらゆるところで交わされ、途切れることはなかった。よい食とは、凝り固まった概念やアイデアではなく、変化し、進化しながらも、何度も同じようなテーマに立ち返るものである。そこで、FEASTプロジェクトでは、この会話へ京都在住者にも参加してもらおうということになり、二〇一八年三月に、京都の公共バスにてつり革広告を掲示した（図4）。

その回答の中には次のようなものがあった。

「世界中のすべての人がお腹いっぱいごはんを食べられて、そのときに一緒に食べるごはんだろう」
「家にたまたまあるあり合わせで作ったわりには美味しくてバランスよし」
「私にとってのよいごはんは、誰かと一緒に食べて美味しさを共感できたとき」

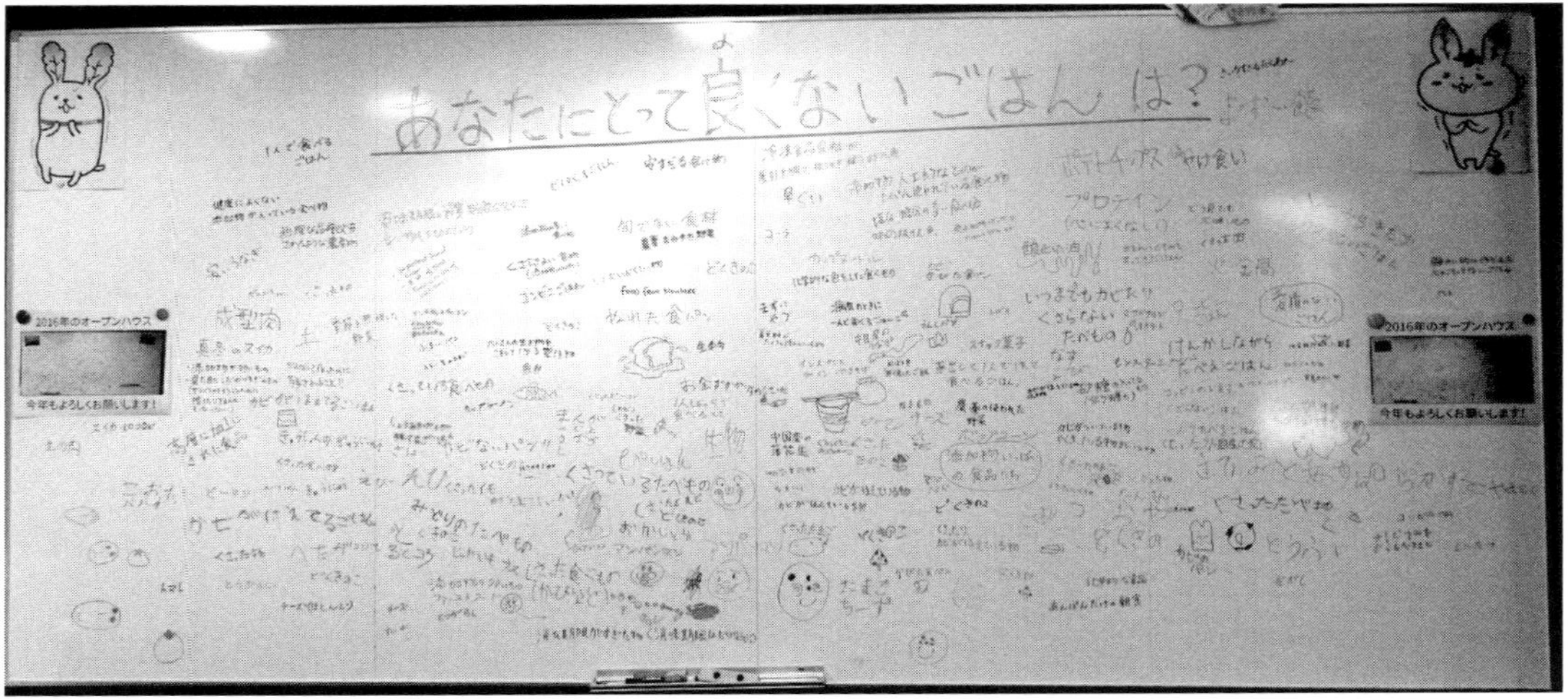

写真2　2017年度地球研オープンハウスにて実施した「あなたにとって良くないごはんは？」ワードクラウド

それぞれの回答に、それぞれ異なる食のイマジナリーが見えてくる。一緒に食べること、食材の産地を知ること、愛情込めて育てられ、料理された食べもの、スーパーでは買えない食べもの、と様々である。図5では、オープンハウスの調査結果をまとめているが、既存の食と幸福に関する研究成果と一致する四点が明らかとなった。

まず、穀物、野菜、果物、魚介類、肉類のバランスが、「人間と地球の双方にとって最も健康的な食生活」と研究者が指摘する内容に類似している。では、なぜ私たちは実際にはこのような食事をとっていないのだろうか。そして、これは消費者の行動変容を促す運動にどのような意味をもつだろうか。

第二に、よい食は、社会的なフードシステムの結果であることが示された。私たちの食べものがどこから来るのか、誰が育てるのか（私たちが誰のために育てるのか）、誰が調理するのか（私たちが誰のために調理するのか）、誰と一緒に食べるのか。これらは、家で食べようが、あるいは職場や学校で食べようが、重要である。

第三に、すべての食べものがよい食べものではない。回答から浮かんでくるよい食のイメージは、現代の資本主義的なフードシステムの根底にあるアイデアとはまったく対照的である。現在のフードシステムと私たちが望むフードシステムとの間にはこのように乖離があり、そこには代償が伴うのである。

最後に、よい食とは何かという問いは、規範的問いである。よい食は、常によいくらしと結び付

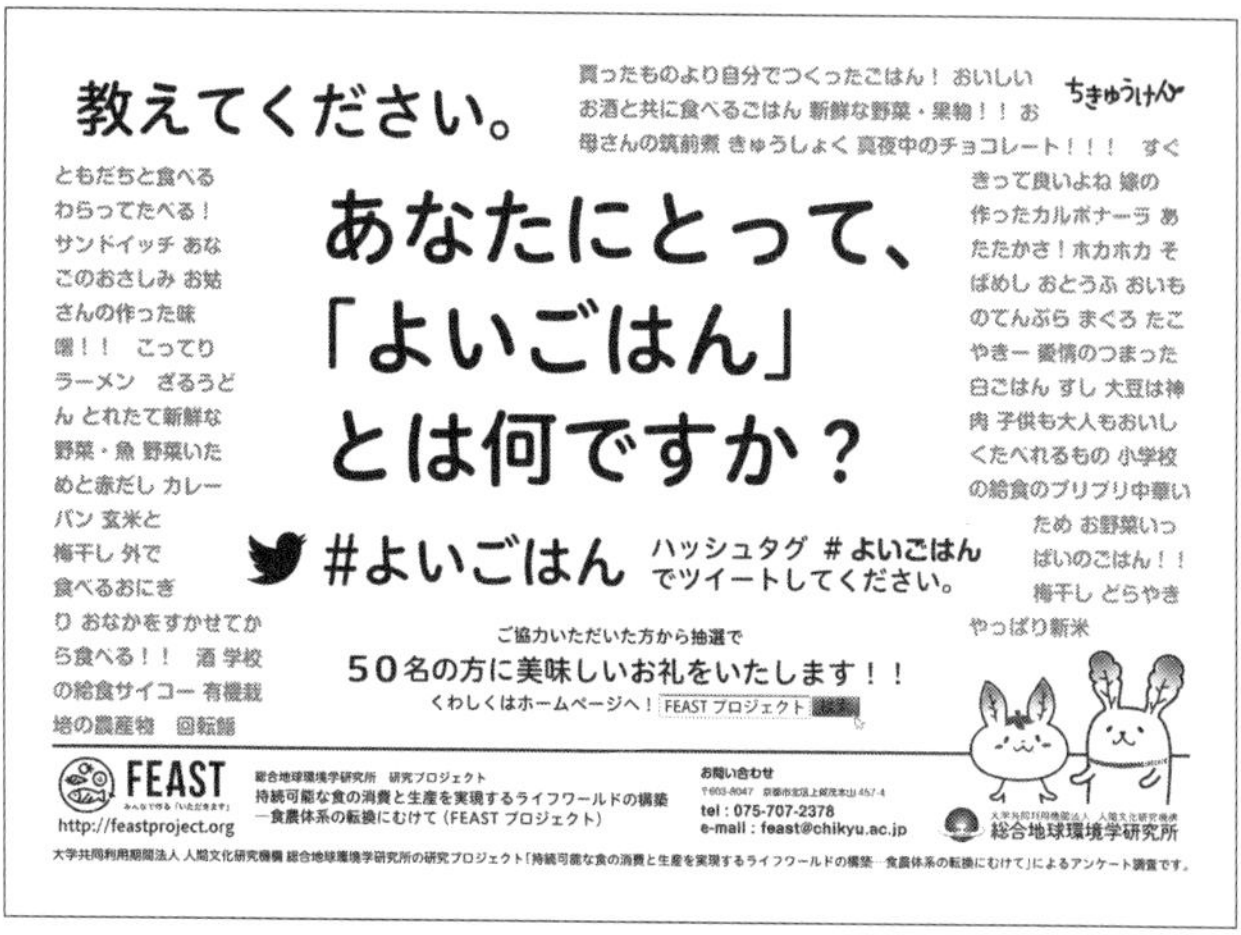

図4　2018年3月、京都の公共交通機関にて「よいごはん」に関する意見を公募

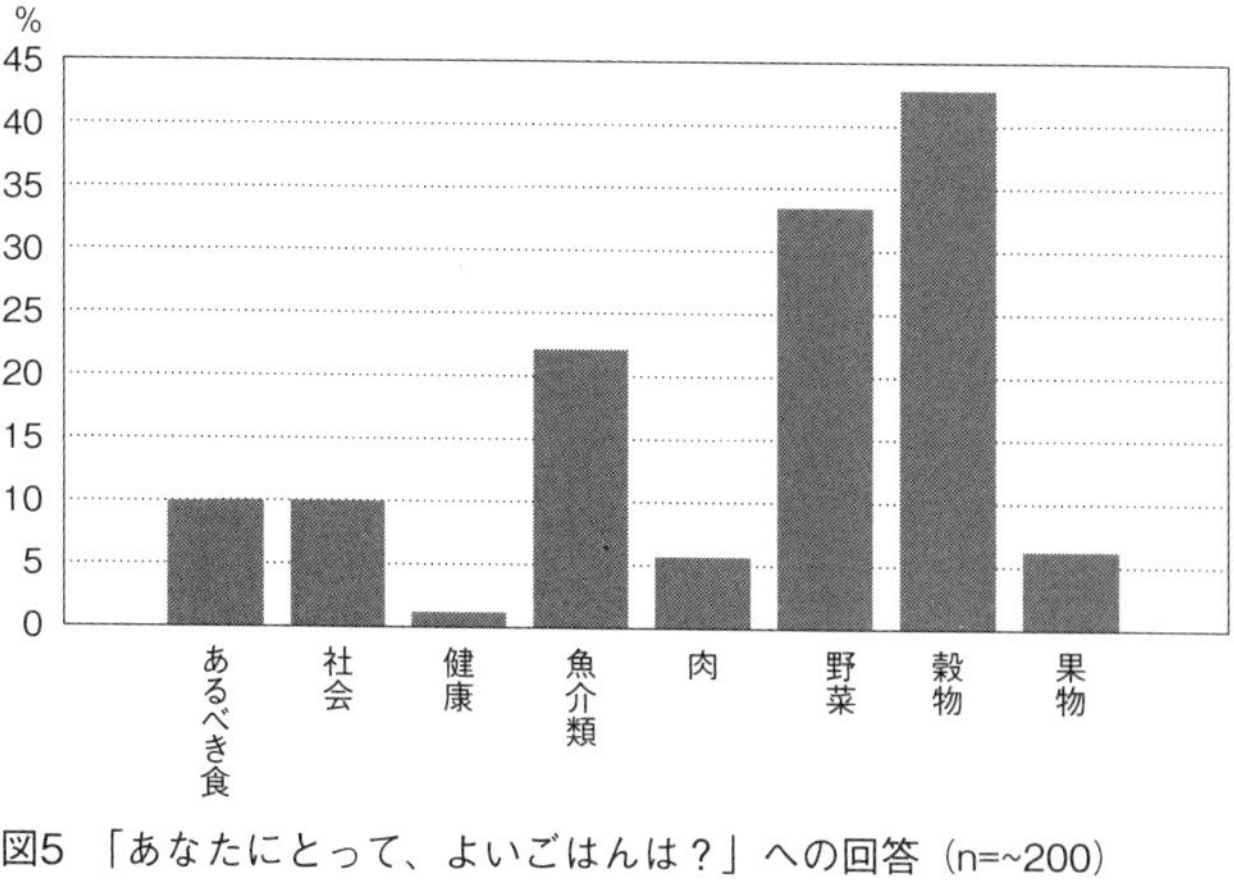

図5「あなたにとって、よいごはんは？」への回答（n=~200）

いている。フードシステムを再び想像し、既存のシステムとまったく別のものとして見るためには、私たちは自分の食卓という枠に捕らわれることなく、食を通して私たちのくらしへとつながる糸を辿らなくてはならない。食の未来やそれをどのように育てるかについて考えるにあたり、さらに、経済の様々な形態や、フードシステムに織り込まれた価値観、権利、社会の形態について問うにあたり、魅力的な様々なアイデアが、私たちが一歩一歩、新しい食のイマジナリーを共に描くのを助けてくれるだろう。

参考文献

Castoriadis, C. 1987. *The Imaginary Institution of Society*. Cambridge: MIT Press.

Castoriadis, C. 1997. *World in Fragments: Writings on Politics, Society, Psychoanalysis, and the Imagination*. Stanford: Stanford University Press.

Castoriadis, C. 2003. The Rising Tide of Insignificancy. Not Bored! http://www.notbored.org/RTI.pdf（最終閲覧二〇二〇年一一月一七日）

Corbett, J. 2020. GM and Ford Knew, Too: Reporting Reveals Auto Giants Recognized Looming Climate Crisis in 1960s-and Helped Bury Reality. Common Dreams. https://www.commondreams.org/news/2020/10/26/gm-and-ford-knew-too-reporting-reveals-auto-giants-recognized-looming-climate-crisis（最終閲覧二〇二〇年一一月一七日）

Harvey, D. 2010. *A Companion to Marx' Capital*. London: Verso.

Jameson, F. 1994. *The Seeds of Time*. New York: Columbia University Press.

Latouche, S. 2015. Imaginary, Decolonization of. In G. D'Alisa, G. Kallis and F. Demaria (eds.), *Degrowth: A Vocabulary for a New Age*. London: Routledge, pp. 117-120.

Mangnus, A. C., Vervoort, J. M., McGreevy, S. R., Ota, K., Rupprecht, C. D. D., Oga, M. and Kobayashi, M. 2019. New Pathways for Governing Food System Transformations: A Pluralistic Practice-based Futures Approach Using Visioning, Back-casting, and Serious Gaming. *Ecology and Society* 24: art2.

Meadows, D. 2009. Places to Intervene in a System (In Increasing Order of Effectiveness). Innovation Labs. http://www.innovationlabs.com/intervention.pdf (最終閲覧二〇二〇年一一月一七日)

Oliver, T. H., Boyd, E., Balcombe, K., Benton, T. G., Bullock, J. M., Donovan, D., Feola, G., Heard, M., Mace, G. M., Mortimer, S. R., Nunes, R. J., Pywell, R. F. and Zaum, D. 2018. Overcoming Undesirable Resilience in the Global Food System. *Global Sustainability* 1(e9): 1-9.

Patel, R. 2012. *Stuffed and Starved: The Hidden Battle for the World Food System*. Brooklyn, NY: Melville House Publishing.

Williams-Forson, P., and Wilkerson, A. 2011. Intersectionality and Food Studies. *Food, Culture & Society* 14: 7-28.

Zammit-Lucia, J. 2013. The Art of Sustainability: Imagination, Not Spreadsheets will Create Change. The Guardian. https://www.theguardian.com/sustainable-business/art-sustainability-imagination-create-change (最終閲覧二〇二一年二月五日)

第2章

未来の食に向けたレッスン

© AOI Landscape Design 吉田葵

1　望ましい未来の食に向かって

田村典江

さて序章で見てきたように、現代の食農体系には大きな矛盾があり、このままの状態を続けていくことは、地球環境の点からも社会倫理の点からもほぼ不可能だ。私たちは現在のシステムを抜け出して、今とは違うどこかへと進む必要がある。本章では、何もしなければ現代の社会がこのまま進んでいく軌道から抜け出して、より望ましい未来、持続可能で環境と調和し誰もが幸福を感じるような未来の食へと舵を切る際に、参考となりヒントとなるような技術や知識を整理して提示したい。

食や農を巡っては多くの営みがある。しかし本章で取り上げる技術や概念は、いずれも「強い持続可能性」からのアプローチをとるものである。そこでまず初めに、「強い持続可能性」について説明しよう。

そもそも持続可能性とは何だろうか。概念としての持続可能性の歴史は一九八七年に国連「環境と開発に関する世界委員会」が発表した報告書「われら共有の未来（Our Common Future）」にさかのぼる。委員長の名前を取ってブルントラント委員会とも呼ばれる同委員会では、酸性雨、オゾン層破壊、熱帯林破壊などの環境問題が地球規模で進行していることを指摘しつつ、「持続可能な発展（Sustainable Development）」を進めることが重要であると指摘した。そして持続可能な発展とは「将来世代がそのニーズを満たす能力を損なうことなく、現在世代のニーズを満たす発展」であると定義した（World Commission on Environment and Development 1987）。つまり飢餓や貧困や基本的な人間の欲求がいまだに充足されていない国や地域では引き続き開発（あるいは発展）が必要であることを認めつつ、将来の世代に引き継ぐべき環境はきちんと保全していくという考え方だ。持続可能な開発概念の提唱は、それまでの環境保全と開発の対立を乗り越え、新たな潮流を切り開いた。と同時に、持続可能性をどう考えるかについての議論を巻き起こした。

「強い持続可能性」「弱い持続可能性」とは環境経済学における分類であるが、両者を区別するラインは、人工資本が自然資本を代替できるとみなすかどうかにある。人間のすべての経済活動は自然の資源に始まる。しかし、技術が発達すると資源をより効率的に利用できるようになり、自然資源への依存度は小さくなる。また、技術によって人工物は自然を代替できるようになる――このような立場をとるのが「弱い持続可能性」であり、この場合、人工資本と自然資本の総和を維持すれば将来世代の利益を損なわないと考える。一方、「強い持続可能性」では、人工資本と自然資本は補完的な関係にあり、決して互いに代替できないと考える。そのため、現在ある自然資本の総和を維持することが重要とみなす。

技術的進歩が環境問題を完全に解決するという「非常に弱い持続可能性」をとる立場は、現在ではそれほど主流ではないだろう。しかし、本質的な自然資本は厳格に保全すべきだが、そうではない自然資本は利用してよいので、十分な代替地を確保できれば森林を開発してよいとしたり、炭素税やエコラベルのような経済的手段を用いれば経済活動が環境に与える影響を商品に反映できるので、経済活動を通じて自然と環境に配慮した取り組みが促進されるとしたりする。「弱い持続可能性」の立場は、グリーン経済という名の下で広く一般に受け入れられている。「弱い持続可能性」概念においては、グリーン経済とはグリーン市場によって導かれるものであり、持続可能な経済成長は引き続き目標とされる。

これに対して本書では「強い持続可能性」の立場を取り、必ずしも経済成長を是としない。定常状態の経済を主張するアメリカの経済学者であるデイリーは次のように述べた。

「みんながより多く儲ける唯一の方法は、総成長である。しかしそれはそもそも困難である。もし全員がより多く儲けるならば、そのとき卓越はどこにあるだろう。みんなの絶対所得を増加させることは可能だが、みんなの相対所得を増加させることはできない。重要なのはより高い相対所得であるという点では、成長は無力になる」(デイリー 二〇〇六：三四五)。

ここでデイリーが問うているのは成長の目的である。私たちは何のために経済成長を求めているのだろうか。確かに、未だに世界には貧困に苦しむ人が多くいる。しかし、地球環境を破壊するに至るまでの経済成長の道筋は、すべての人の基本的なニーズの充足を求めてではなく、相対的所得が気になってしまう人間の心もちによって築かれてきたのではないだろうか。十分に基本的なニーズが充足された生活でも、私たちはもっとほしくなる。誰かと比べてより高価なものを手に入れたり消費したりしたくなる。しかし、デイリーが喝破するように、相対所得を卓越させることを目的とするならば、どんな成長も無力だ。

だからといって、飽くなき成長の欲求は、我欲を戒められない個人の責任に帰するべきものではない。私たちの日常の行動は取り巻く社会によって構造化されている（福士二〇一二）。社会全体が経済成長という夢に依存している限り、現在から抜け出すことはできない。したがって、第1章で述べたように、前提を疑い、望ましい世界を再び描くことが必要である。

一つ、わかりやすい例を挙げよう。日本の農政は長らく、食料自給率の低下を問題にしてきた。近年の人口減少傾向は自給率の向上をもたらす可能性がある。自給率という政策課題が解消され、食料安全保障の観点から安心が得られると歓迎されただろうか。あいにく実際には、農業の成長産業化という新たな題目が持ち込まれ、縮小する国内市場ではなく、成長が期待できる海外市場を重視するという方針に則り、輸出やグローバル展開が促進されるという現状がある。そして自給率の水準は低いままに留まっている。いったい、農政の目的はどこにおかれているのだろう。農業生産は誰のためのものなのだろう。

次節以降では、農業・都市計画・自治体運営に関わる具体的な方法や、経済や権利、社会制度についての新しい提案、そして、それらの基層を貫く価値や規範を紹介していく。いずれも世界のどこかですでに実践のある内容である。経済成長という想念の檻から自由になって、具体的に豊かで満ち足りた食の未来を実践するためのヒントとして利用していただきたい。

2 適正技術

マキシミリアン・スピーゲルバーグ
（小林優子訳）

二〇二〇年の変遷は、「終わりなき経済成長」を追い求めてきた社会のあり方が限界に達しており、ワンパターンの発展モデルでは対応しきれない状況が生じていることを明らかに示した。都市は自転車のために作りかえられ、人々はコンポストや家庭菜園を始め、教育機関は伝統的な役割から脱して新たな学びの機会を提供するためにもがいている。

このように道具や技術に着目して社会のあり方を考えようとする動きについては、実は一九七〇年代にすでに広く議論されてきた。それが「適正技術（Appropriate Technology）」運動の始まりである。ここで紹介する初期の提唱者たちによる研究や活動は、本書が目指すくらしのあり方と何らかの形でつながっており、それらを併せ見ることで、新たな前進の道筋が見えてくるだろう。

適正技術の始まりとしては、四つの流派が挙げられる。①イリイチは、『コンヴィヴィアリティのための道具』（二〇一五、原著一九七三）において、初期の反消費者主義と新しい関係や学びを通じて自律性を取り戻す必要性を唱え、②シューマッハーは、「スモール イズ ビューティフル」（一九七三）にて、西洋諸国の経済成長システムとその生き物への破壊的関係性を批判し、③クマラッパーは、「永遠の経済学（Economy of Permanence）」（一九四五）において、ガンディーから始まった脱植民地闘争における、増大する都市による権力支配への対策としての再ローカル化・地域化を説き、日本では鶴見和子が内発的発展論を論じ（鶴見・川田 一九八九）、④ラディカルな科学とオルタナティブな技術を紹介する雑誌「Undercurrents」（Boyle & Harper 1972）と「全地球カタログ（Whole Earth Catalogue）」（Brand 1968）では、オフグリッドのくらしが推進された。

今日の私たちが彼らの議論を振り返るように、彼らの考えもまた、過去に繰り広げられた「産業化」「技術」「開発」の偽りの約束に対する議論、批判、闘争のもとに成り立っている。この闘争は今日も先住民に引き継がれている。先住民の技術や伝統的知識の多くは（完全ではないにしても）、適正技術の哲学を軸に据えている。彼らはフットプリントを著しく抑え、はるかに長い時間スケールにわたり、世界中で様々な社会を繁栄の道へと導いてきた。このことは、今の世界とはまったく別世界の実現可能性を示唆するだろう（Watson 2019）。

前述の提唱者たちは、個人的な交友があったり活動を通じてつながっていた。しかし、それぞれの継承者たちは相互に交わらず「派閥」を形成しているようであり、かつ、発展途上国と先進国とで分断されているようでもある。しかし、北の先進国 vs 南の途上国という構図を、ロストウの成長段階説的な単純な二項対立の枠組み（Rostow 1959）からいったん外れて眺めれば（Itagaki

1963)、それはつまり、適正技術の研究や活動は世界中で援用可能であることの証明にほかならない。そして世界各地での実践をひっくるめると、適正技術の核となるアイデアが見えてくる。私たちは技術、知識そして関係性に対するコントロールを取り戻さなければならない。それによって初めて、コミュニティの充足と一体となった、充実して自立した個人のくらしを実現できるのである。

彼らがそうであったように、FEASTプロジェクトでもまた、単なる分析やビジョン作成に留まることなく、共に学ぶこと、喜びを作り喜びと共にあること、自己決定と協同などを実践する新たな方法として、イベントや活動を行ってきた。通常、排他的で形式化された知識に支配されている研究の世界だが、共創と共同生産の実践を伴う超学際的研究であれば、こうした先駆者による遺産を取り入れることができるのである。

コンヴィヴィアルであり、中間的であり、環境負荷が小さく、田舎風で、ラディカルで、オルタナティブで、あるいは在来的なもので……どのように表現するにせよ、適正技術とみなせる技術が持つ特徴は指針となりうるだろう。それはすなわち、手頃な価格、修理可能、持続可能、地域に根差している、効率的、負荷が少ない、非強制的、耐久性がある、使いやすい、改良可能、小規模、質素、天然素材、自給自足、自己教育的、維持可能、自律性、コミュニティが管理する、適応可能、協働、文化に配慮している、といったものだ(Erbe 2020, Pachamama Alliance 2019, Appropedia 2020, Waters 2014)。

適正技術の精神は、多くの実践コミュニティにすでに根差し育っている。例えば、オープンソース、計画的な陳腐化に対抗するリペアカフェ、3Dプリンターなどのデジタルツールによる、ものづくりの拠点となるメーカーズガレージやファブラボ、さらにはライブアクションのロールプレイヤーやエコビレッジがあるだろう。そっくりそのまま取り入れるのではなく、階級、ジェンダー、人種などの既存の格差に配慮しながら、こうした指針を活用していけば、私たちはコミュニティガーデン、アグロエコロジー、養蜂をはじめとする食の活動を率いて前進できるだろう。そして、それが私たちのくらしのエンパワーメントにつながり、さらに魅力と豊かさを向上させるであろう。

3　アグロエコロジーとパーマカルチャー

小林　舞

「アグロエコロジー」のアグロは農業や畑を、エコロジーは生態、生態学を意味する。一九二〇年代後半から農業を生態学的視点から科学する学問分野として使われ始め（Altieri & Nicholls 2017, Wezel et al. 2009）、近年は世界中の小農民組織、市民運動、行政団体、さらに国連食糧農業機関でも広く取り入れられるようになってきた。アグロエコロジーという用語が多用されるようになってきた分、そこに込められる意味や定義は変化し続けている。アグロエコロジーの目指す概念は、有機農業運動が提唱してきたものと多くの点で重なり合うが、有機農業が通常有機栽培や無農薬を実践するための具体的な技術や資材に注目するのに対し、アグロエコロジーは有機農業運動全体を捉えようとしている。

七〇年代以降、アグロエコロジーの代表的な研究者の一人、アルティエリなどにより生態学を農学に適用する研究が盛んになり、そこに人類学、民族生態学、農村社会学、開発学など社会科学からの知見が取り入れられてきた。現在は科学の一分野としてだけではなく、持続可能な農生態系をデザインし、それを管理するための原則とその実践、さらには持続可能なフードシステムの探求、それを実現させる社会運動などを含む用語として使われている。というより、そうした運動と切り離せない形で進展してきたという面があり、科学者が参加する草の根運動といった視点を強くもっている。

アグロエコロジーの根底にあるのは、今でも開発途上国の多くで見られるような、時として「遅れた農業」とも揶揄される先住民や小農による農業の伝統的実践に含まれる生態学的な合理性への注目だった。そのように世界各地で実践されてきた農業は、実のところ、歴史的に、地理的個性をもつ無数の地域固有（土着）の農業システムとして存在する。こうした多様な伝統の中で、農民はそれぞれ個別の条件に即した伝統知を育て、持続可能な食料生産を実現してきたのである。

アグロエコロジーはそうした農民の実践を体系化し、そこから広範囲な地域において指針となる原則を提示する。アグロエコロジーを実践する組織や文献によって原則の整理の仕方が異なったり、社会的要素が追加されていたりするが、根底にある認識と価値観は変わらない。ここで大切なのは、その原則は特定のルールや手法（農法）を指すのではなく、具体的実践はそれぞれ固有の条件に応用され、実際には様々な形で実現するだろう、という点である。

アルティエリの教科書的著作（Altieri 1995）では、基礎的原則が以下の六点にまとめられている。

① 有機物の分解と養分循環を最適化することによって、バイオマスの循環を強化する。
② 適切な生息地の形成により、共生的・拮抗的な生態学的相互作用といった機能的生物多様性の増進を通じて農業システムの「免疫系」を強化する。
③ 有機物の管理と土壌生物の活動を活性化させることで、植物の育成に適した土壌条件を確保する。
④ 土壌・水資源や生物多様性の保全と再生を促進することで、エネルギー、水、栄養分と遺伝資源の損失を最小限に抑える。
⑤ 農生態系における種と遺伝資源の多様化を、時間的・空間的に農場および景観のレベルで行う。
⑥ 農業における生物多様性の構成要素の間での有益な生物学的相互作用と相乗効果を高めることで、主要な生態学的プロセスと生態系サービスを促進する。

社会全体の営みを自然環境との関係性の中で考え、食料と生物多様性の危機双方に対処していこうとするなら、それらを取り囲む条件全体を視野に収めなければならない。こうした観点から、生態学的に健全で、社会的に公平で、経済的にも成り立つ社会システムへ転換するための原則を提示する動きとして、パーマカルチャーという運動がある。パーマカルチャーは、永続性を意味するパーマネントと、農業を意味するアグリカルチャー、そして文化を意味するカルチャーを組み合わせた言葉で、アグロエコロジーがフードシステムの転換を求める運動に重点を置くのに対し、パーマカルチャーは生活全体を視野に入れ、エネルギー循環や住居、さらにはコミュニティづくりなども組み込んだ、永続可能な環境を効率よく作り出すためのデザイン体系である。アグロエコロジー同様、パーマカルチャーもまた、その場その場の生態系から学び、その土地固有の伝統知と現代の科学的・技術的知識を融合させることを基盤としている（モリソン 一九九三）。

パーマカルチャーはオーストラリア出身のモリソン（一九二八〜二〇〇八）とホームグレン（一九五五〜）が体系化したもので（モリソン 一九九三）、彼らの基本理念は、キングが四万年もの歴史をもつ永続可能な東アジアの有機農業の記録を綴った書籍（二〇〇九、原著一九二六）や、自然農法の提唱者、福岡正信の『わら一本の革命』（一九七五）からも影響を受けていて、日本でも関心が広まっている（Chakroun 2019）。パーマカルチャーの特徴は、現代の資本主義的経済システムを真正面から批判するというより、くらしを豊かにする実践を通して革新的な代替案を提示する、計画的で非対立的な運動といえるだろう。

体系化されたパーマカルチャーのデザインアプローチは、一九九六年に設立されたパーマカルチャーセンタージャパンをはじめ、全国各地の組織を通して学ぶことができる。その基礎は、三つの倫理と一二の原則からなり、様々な場面で応用できる要素を含んでいる。ある意味、「持続可能性」

や「永続可能性」といわれる概念を具体化している試みであり、そこに描かれているのは無限の経済成長を求めて苦労するくらしではなく、魅力的なゆとりである。相互補完的にうまくデザインされたくらしの生態系は、余剰を分かち合い、そこから余裕が生まれてくる。それは食料かもしれないし、時間かもしれない。パーマカルチャーは、慣行的に行われている現在の食料生産やくらしのあり方を体系的、根本的に問い直すフレームワークを提示し、地球の自然環境はもちろん、人間社会の公平性、人々の尊厳を守り、豊かさを育む未来社会の多様なあり方、考え方、それを実践するための指針を提供しようとしている。

4 共生する都市計画、食べられる景観、都市農業

小田龍聖

都市は、拡張と開発の時期に構築されたインフラストラクチャの維持、修理、交換のコスト増大に苦しんでいる（Yokohari & Bolthouse 2011）。これらは居住者に快適な住居を提供する目的で作られたものであるが、高齢化や過疎化を含めた人口減少の進行は地域経済の財政能力を侵食しており、縮小する都市は居住者の快適な生活をどのように持続させるかという課題に直面している（Herrmann et al. 2016, Hollander et al. 2009）。

一方で都市の人口減少は、利用者の減少によって解放された土地に対し、改めてどのような目的で役立たせるべきかという問題を提起する。したがって、都市の縮小のプロセスは、行政と住民が同様にビジョン、戦略、計画の優先順位を再検討し、再考する機会として理解することができる（Hollander et al. 2009）。

理想的に見れば、拡大・成長する大都市では制定が難しい持続可能性への移行策を、縮小する都市では改めて追求できる可能性があるといえる。日本は先進国における人口減少の最前線にあり、同様の軌道を辿るであろう韓国、中国、イタリアなどの国に対して、脱工業化、持続可能性への移行に向けての貴重な教訓を提供する潜在的な機会をもつ。

地方都市は、首都と比べて経済活動規模が小さく、政治的な注目度も低く、移住者を惹き付けないが、それでも多くの人口を保有している。また、日本で他の国よりも早く過疎化が進むように、中小都市は大都市よりも早く都市の縮小に直面する。こうした二つの理由から地方都市は特に興味深い。

さらに日本の場合、人口減少は地方都市に限らず、東京や大阪などの大都市にも影響を与えることが予測されている（IPSS 2013）。したがって、地域の縮小する都市における持続可能性の移行の機会と課題についての理解を深めることは、大都市での積極的な政策の実施と前向きな成果の達成に不可欠な要素となるかもしれない。またこれは、縮小する都市が人口減少を有利に利用するためにどのような対策を講じることができるかという疑問の解決にもつながっていく。

概念的な側面を見ると、マクリントックは、資本主義の発展と都市化の過程で引き起こされる、栄養循環の停止や環境の悪化という「生態学的分裂」、労働や土地、食べものの商品化という「社会的分裂」、および自然や協働からの疎外を感じる「個人の分裂」という現代社会における三つの分裂を提起すると同時に、都市農地が、食料の生産という従来の農地の枠組みを超えて、これらの克服に貢献するものであると主張した（McClintock 2010）。都市農業は、レクリエーション活動と人々の社会的関与の機会を提供しながら、生産を再拡大し、空き地を活用し、都市住民と食料生産現場との疎外を逆転させる可能性を含んでいる。

また、都市農地を緑地として見れば、そこは都市における自然環境や熱環境を快適に保ち、私たちの豊かな生活のための空間を提供する。いざ災害が発生したときに、緊急避難先や避難時の食料供給源として機能するだけでなく、日常生活でのコミュニティ形成を通して地域防災や共助の意識を高める効果も期待できるだろう。また、都市農地でのコミュニティ形成は、生産と流通を利用者に近づけコストを下げるだけでなく、利用者に食がどのように作られるのかという経験を提供する機会にもなる。

都市はただ都市として生まれるものではなく、都市計画によって制御されて都市となる。縮小する都市の計画は、私たちの直面する新たな課題であり、いまだ前例のない冒険的な、しかしやりがいのあるものだといえよう。拡張と開発の時代に作られた都市計画を見直し、断裂したつながりを取り戻すことで私たちが得られるものは、少なくはないはずだ。

さて、こうした都市農地が日本の都市にどのような景観をもたらすのかについて、もう少し考えてみよう。二〇〇四年の文化財保護法の一部改正により、文化的景観が文化財のカテゴリに加えられた。文化的景観が「地域における人々の生活又は生業及び当該地域の風土により形成された景観地で我が国民の生活又は生業の理解のため欠くことのできないもの」（文化財保護法、第一章第二条五）として規定されている通り、景観はそこに生活する人の営み、つまり歴史や文化、生活と結び付いており、とりわけ「食と農」との関わりは深いといえる。

人口減少と少子高齢化という社会的課題は、地域の文化と景観に大きな影響を与えている。近畿地方に所在する重要文化的景観をいくつか例に挙げると、滋賀県東近江市の「伊庭内湖の農村景観」では、後継者不足により地域固有の漁法や料理法の衰退が見られており、大阪府泉佐野市の「日根荘大木の農村景観」では、高齢化によって棚田景観を構成する水田と水路網の消失が確認されている（井原ほか二〇一九）。

こうした人口減少の波は、農山漁村だけでなく都市の景観にも影響を与え始めており、京都市を例に挙げれば、京都盆地では二〇〇七年から二〇一七年までの間に、非公式なものも含めて約二〇〇haの都市農地が消失している（Oda et al. 2018）。二〇四〇年までに人口の約一三%、つまり約一九万人が減少すると予想しているＩＰＳＳ報告書にもかかわらず、京都市ではこれらの消失した農地の約四〇%が住宅地へと変化しており、縮小時代を迎える都市の計画としてはそぐわないといえるだろう（IPSS 2013）。一方で、消失した農地の約三〇%は明確な利用形態の見られない空地

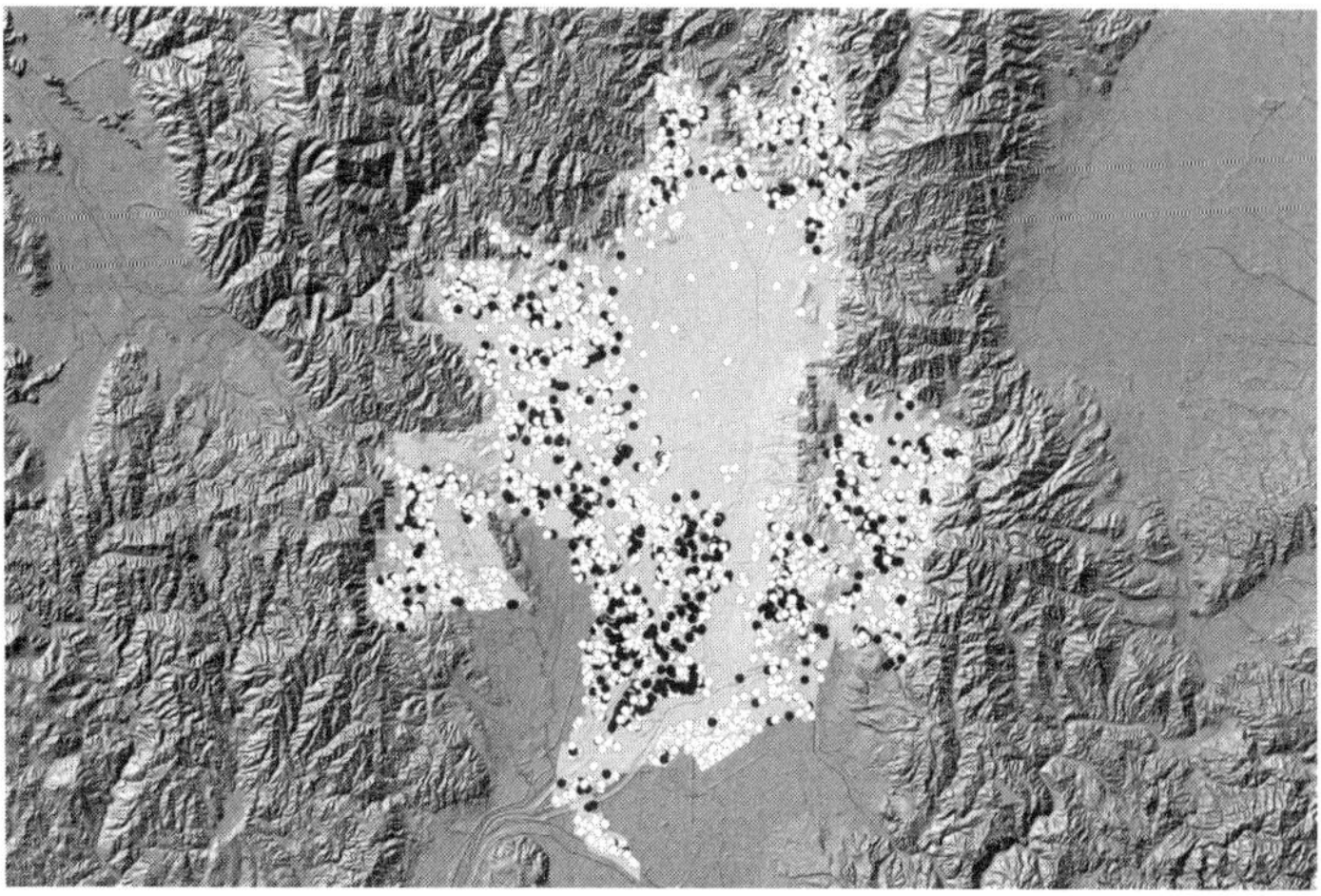

図6　京都の農地利用の変遷

出所）国土地理院・地理院タイル（陰影起伏図タイル）を加工して、筆者作成。

となっており、さらにその半数以上は単純に管理が放棄された状態となっている。これらは対策なく放置すれば住宅地などのインフラへと転換するリスクがあるが、潜在的に別の利用が見込める土地でもあり、縮小する都市に合わせた長期的な活用法を検討する必要があるだろう。

農業には、農家が行う営利目的の生産だけでなく、様々な形がある。特に都市では、庭などの野菜や果物を作る場所を十分にもっていない人が多く、農のあるくらしの恩恵をより多くの人が受けるためには、農地をもつ個人が行う農業から、人々がそれぞれ様々な形で関わることのできるコミュニティ型農業への転換が必要となる。すべての作業を自分でやらなくてもよい、引っ越してきた人も参加できる、多様な人が自分にあった形で関わる体制が望ましいだろう。

こうした要素を満たす有効な事例はすでに生まれ始めている。東京都多摩地域の日野市にある、せせらぎ農園は、このような住民と農業の関わり方を実践するコミュニティガーデンの一例だ。ここは農作業を行う市民と、土作りのための生ゴミを提供する約二〇〇世帯によって構成されており、当番、会費、会則が存在せず、誰でも好きなときに参加し、その日の収穫物を分け合う形で運営されている。子どもの食育や自然観察の場、世代間交流の場としても機能しており、都市農地を中心として緑の景観が作られている。

この事例が示すように、コミュニティ型の都市農地は市民活動のハブとして機能することが期待できる。例えば、収穫体験を含めた子ども食堂の運用、学区内での農業関連のサークル活動や飼育体験、世代間交流による子育て支援や高齢者の孤独予防と、大きな拡張性を含んでいる。また、こうしたコミュニティ同士が協働することで、緑化、自然保護、防災などの既存の市民ネットワークと連携することもでき、人口減少時代における都市計画を再考する価値は大きいだろう。今あなたが取り組んでいる活動、やりたいと思っている活動ともつながるよう、ぜひ新たな時代の都市のあり方について思いを巡らせてほしい。

5　生きものに寄り添う経済圏

スティーブン・R・マックグリービー
（小林優子訳）

今日、グローバル市場により商品は地球上のある場所から別の場所へと動かされ、私たちの食とモノのニーズのほとんどを支えている。しかし、これは環境と気候への多大な搾取の上に成り立っている。こうした環境負荷を削減するために必要なのは、経済をローカル化し、地域にある資源で可能な限り多くのニーズを満たすことである。

バイオリージョン（自然生命圏）とは、自然の特徴（地理的、地質学的、生態学的、水文学的など）によりまとまりを持った地域のことを指し、人間と非人間の特有な居住コミュニティを支えている。中でも流域は、バイオリージョンにとって重要な空間指標である。例えば、関東平野の流域、生態系、地形は、広範囲にわたり人工物で覆われているものの、バイオリージョンのよい例と考えられる。自然の特徴は時間の経過とともに進化し、変化していくため、バイオリージョンの境界は、柔軟で、特定のモノやサービスの事例ごとに定めることができる。また、地域固有の植物や動物の種、さらには、言語、慣習、料理などの文化的要素といった地域の特徴によって、一つのバイオリージョンがどこで終わり、別のバイオリージョンがどこで始まるかを示すことができる。

バイオリージョン経済は、地域ごとの自然の特徴の中に組み込まれており、自然と生態系の限界を無視することなく、バイオリージョン内のニーズを支えるものである(Cato 2012)。このバイオリージョン経済の考え方の核となるのは、私たちの経済とその経済の引き起こすすべてのことは、より広い生態系の中に位置しており、依存して成立しているというものである。これは、一般的な市場経済主義的経済観、つまり環境は市場経済の一部にすぎない、あるいは従属しているとする考え方の対極にある。

バイオリージョン経済は、「自給自足」を優先しようとするだけでなく、「自立性」のレベルをより高めることを目指すものでもある。さて、その違いはどこにあるだろうか。自給自足とは、衣食住などの基本的な人間のニーズを満たすことに重点を置いており、地域経済内での生産を通じてそれを実現する。一方で、自立性は、経済面での相対的自立を達成し、経済的依存度を減らし、広い意味での地域の自律を高めることに重点を置いている。例えば、経済的な富は、地域の外に出ることはなく、バイオリージョン内で循環することになる。また、自立性のレベルが高まれば、ショックへの対応力や、効果的に再編成・適応する能力を向上させることにつながり、自然災害や生態系の劣化などに対するバイオリージョン経済の回復力を高めることができる。

しかし、バイオリージョン経済に移行したからといって、地域間貿易がなくなるわけではない。バイオリージョン経済の理想としては、特定の地域では手に入らない特定の資源を供給するために、各経済圏が系統立てた方法でネットワークを構築する。物質的な観点からすれば、この相互のつながりは多くの点で有益であるといえる。しかし、地産地消実現に向けた取り組みが指針となる最優先事項であることに変わりはないだろう。情報、アイデア、文化の交換も、今と変わらず継続されていくであろう。そして、日本ですでに多くの人々が分散型の開発のあり方を推し進めているように、バイオリージョン経済システムへの移行も、同じ道筋を辿ることとなるだろう（広井二〇一八）。

バイオリージョン経済におけるフードシステムは、以下のように表現できるだろう。

「理想的な地域のフードシステムとは、地域内の様々なレベルとスケールで可能な限り多くの食べものが生産、加工、流通、購入され、人々の食のニーズが満たされているシステムである。その結果、地域の回復力は高く、地域外への依存度が低いため、地域内の様々なステークホルダーが大きな経済的・社会的利益を得ることができる」（Clancy & Ruhf 2010: 1）。

食のバイオリージョン経済には、流域の概念を取り入れた「フードシェッド」「都市地域フードシステム」「地域に根ざしたフードシステム」など、様々な呼び方があるが、いずれも主な概念は同じである。

食のバイオリージョン経済は、農業生産の規模や方法、仕事や余暇、食の消費のリズムやライフスタイル、さらに農村や都市のコミュニティ内での有機資源の循環のあり方などに、深く関連している。バイオリージョン内で栽培され、加工され、食べられる食べものは、土地への回帰、つまり、その地域特有の種や生態系と私たちの食卓との関係性を相互につなぐこと、また、より多くの人々が食の生産に関与することの重要性を意味する。食の生産、消費、流通を、バイオリージョンに（再び）埋め込むことができれば、私たちが現在依存しているフードシステムとは、異なるものになるだろう。そして、その兆しはすでに表れてきている。有機農業、地産地消、野生鳥獣の狩猟、山菜などの野生植物やキノコの採集、地域支援型の農業や貿易（ＣＳＡ：Community Supported Agriculture、フェアトレード）、半農半X、ファーマーズマーケットといった取り組みが進んでおり、その目指す方向はバイオリージョン経済と同じである。

6　社会的連帯経済

田村典江

現代の社会経済システムには問題がある、と考える人は少なくないだろう。真面目に毎日働いても生きるために十分な収入を得られない、いったん失業すると再び職につくことが限りなく難しい、困窮は自己責任であると決めつけられ排除されるなど、多くの人が不安な気持ちで日々の生活を送っている。その原因は、現代の社会経済システムにある。現代の資本主義は、世界規模の市場を前提とする自由競争、民間企業が中心となる経済活動で特徴づけられる。確かに競争は提供されるモノやサービスの質の向上をもたらす。しかし、世界を相手とする終わらない競争の中では、人間とその労働は単なる資源にすぎない。そして、ビジネスの主体である民間企業は利益の最大化を目的としているため、労働者や地域社会、生態系を搾取することを躊躇しない。安い人件費を求めて工場が海外移転したり、さらにそこから別の国へと移転したりというニュースは珍しいことではないだろう。その結果、現代の社会経済システムでは、富める者はますます富み、格差は拡大し、社会は分断される。

社会的連帯経済は、このような資本主義の矛盾を批判し、そうではない経済を作ろうとする理念であり実践である。資本主義の行き過ぎは国家の適切な介入で是正されるとする考え方もあるだろう。しかし社会的連帯経済は、「資本主義経済および国家主導経済に対する代替」であり、市場でも国家でもなく連帯を基礎とすることを提案する。なぜなら国家が市場に代わって財やサービスを提供する場合、国民と国家の関係は一方的なものとならざるをえないからだ。

代表的な公共サービスである社会福祉を例に考えるとわかりやすい。どのサービスが誰にどのように必要であるかを判断するのは常に国家であり、国民は国家が提供するサービスに自分の都合をあわせて利用するしかない（北島 二〇一六）。したがって社会的連帯経済では、市場でも公共でもない解決を目指して、一般の人々が主体的な役割を担う。人々がサービスの担い手であるとともに受け手であり、与えられるものを単に消費する主体ではなく、コミュニティの一員として、自らが必要なものを作り出し、それを享受するという民主的な経済が目指されている。

社会的連帯経済には社会的経済と連帯経済という二つのルーツがある。社会的経済はフランス、スペイン、イタリアなど欧州を中心に広まった考え方で、ビジネスを営む法人の形を重視しており、協同組合や財団など、非営利組織が果たす社会経済活動を関心事としている。一方、連帯経済は中南米を中心に運動として立ち上がってきた背景をもち、グローバル資本主義に対するアンチテーゼとして、持続可能で公平な経済を求めている。現在では両者は一体となって国際的なネットワークを形成しており、その概念は国連の国際労働機関で取り上げられているほか、フランス、スペイン、エクアドルなどでは立法化されてもいる。

概念的には比較的馴染みが薄いかもしれないが、社会的連帯経済の実践事例の中には、すでに私たちの生活の中に定着しているものも多くある。例えば、フェアトレードや地域通貨がそうだ。コーヒー、チョコレート、バナナなどでよく見かけるフェアトレード商品には、産地の社会・経済・環境に配慮して生産者が持続可能な生産と生活を営むことができる最低価格が定められている。市況に乗じた「買いたたき」を回避できるだけでなく、基準の開発や設定を通じて、買い手と売り手は同じ価値により結ばれるコミュニティを形成する。

一方、地域通貨は、特定の地域というコミュニティ内でのみ価値を持つ貨幣であり、地域通貨を用いることで、地域で生まれた富の地域外への流出を防ぐことができる。

近年、日本で注目を集めているのは協同労働だ。これは、投資家から資金を調達した経営者が従業員を雇用して活動するという従来の企業の形ではなく、出資、経営、労働のすべてを全員で担う事業スタイルである。ワーカーズコープやワーカーズコレクティブという名称で、多くの組織が、介護や保育、食堂の運営から農業、林業まで、多様な経済活動を行っている。

世界中に見られる社会的連帯経済の盛り上がりは、グローバル資本主義が唯一でもなければ当然でもないことを示している。経済社会システムは変えられない所与の前提条件ではない。私たちはよりよい社会経済システムを選び、自ら作り出すことができるのだ。

7　脱成長

クリストフ・D・D・ルプレヒト
（小林優子訳）

洪水が起きても、川の流れはやがて元に戻る。工業国の経済に求められているのも、まさに同じことである。

「脱成長（degrowth：デグロース）」の概念につながるアイデアは非常にシンプルなものだ。富裕国はエネルギーと資源を使いすぎている。過剰消費を計画的に削減すれば、経済を生物界との均衡が取れた状態に引き戻すことができる。そして、再均衡を図ることは、格差を縮め、人々が健康で豊かなくらしを長く送るために必要となる資源へのアクセスの改善にもつながる。つまり、脱成長は、生産と消費の絶対的な削減と、人間のニーズを満たすための大胆な再分配を意味する。脱成長の目指すものは、太りすぎた象をダイエットさせるような、同じものの生産を減らすという単純なものではなく、あたかも象をカタツムリに変えるように、社会をまったくの別物に転換することである（中野二〇一七）。

今日において脱成長は、国際的な社会運動であると同時に、学問領域でもある（D'Alisa et al. 2014）。その起源は、一九七〇年代以降、学者たちが経済を金銭ではなく資源の観点から捉えようとしたエコロジー経済学にある。終わりなき経済成長の追求は、社会の目標として望ましいものでも、実現可能でもない。実現不可能とはどういうことか。原材料の供給には限界があり、成長にも物理的な限界がある。仮に消費が伸びなくても、再生不可能な資源はいずれ枯渇する。では、望ましからざるとはどういうことか。原材料が不足すると、その採取にかかる社会的・環境的コストもまた上昇するのである。脱成長はしたがって、エコノミズムを放棄し、ＧＤＰに象徴されるような経済成長を進歩や成功の指標として固執する政治を放棄することを提案する。

つまり脱成長は、経済成長を求め、牽引する社会システムとしての資本主義への批判でもある。広告も企業も政府も、私たちに「モノを買え、消費しろ」と促し続ける。私たちが幸せであるかどうかに関係なく、そうしないとシステムが崩壊するからである。しかし、私たちも現状に疲弊し、未来の行く末に不安を抱くようになり、少しずつではあるが、働いた見返りとして自由な時間を求めるようになってきた。その一方で、格差は拡大し、地球温暖化は続き、環境汚染は悪化の一途を辿っている。現状を、各政党が様々な登山方法のみを提案している状態と例えるなら、脱成長は、私たちに立ち止まって、登山の代わりに渓谷での幸せなくらしを送ってみてはどうかと提案するようなものだ。

分かち合い（シェア）、シンプルさ、コンヴィヴィアリティ、ケア、コモンズは、脱成長の概念に基づく社会やフードシステムのコアとなる価値観である（ルプレヒト 二〇一九）。コモンズについては本章第9節、コンヴィヴィアリティについては第14節にて議論するため、ここでは分かち合い、シンプルさ、そしてケアについて検討する。

分かち合いは多くの場面で遭遇するものである。例えば、一緒に食事をする喜び（時間を共有し会話相手となること）、感謝の気持ちを込めて、あるいは無駄にしないように自分で作った食べもののお裾分けをすること、レシピや技術を他人に教えること、園芸・農業・加工用機器のシェア・ネットワークなどである。食以外にも、脱成長社会は賃金労働を削減し、ワークシェアリングへの一歩ともなる。家計のやりくりを気にすることなく労働時間を短縮できれば、時間貧困問題の解決にもつながり、園芸や料理などの趣味にもっと意欲的に取り組むことができるようになるかもしれない。アメリカの諺に、「シェアすることは思いやること」とある。お金を稼ぐために働くのではなく、家族や友人、地域社会、環境、そして自分自身へのケアに時間をかけられるようになる。フェミニスト経済学によって存在が示されたケアワークは、資本主義の枠組みの中では過小評価されているが、私たちのウェルビーイング、そして社会的再生産に不可欠であり、脱成長の根幹を成すものである。そして、フードシステムにおいて女性の担う役割から、多くの例を垣間見ることができる。

また、ケアは食を通じてどのような関係を構築するのかにおいて指針ともなる。地域支援型農業を通じた農家との連帯であれ、フェアトレードのコーヒーやチョコレートであれ、脱成長はすべてを商品化する資本主義の原則を否定するものである。そして、脱成長の挑発的な提案は、シンプルさと充足感が私たちのくらしをより幸せなものに、フードシステムをより健康的なものに導くだろうというものである。もしかしたら、地元で栽培できるものがあるなら、複雑なグローバルサプライチェーンに頼る必要はないのかもしれない。もしかしたら、無数の食品から何にしようかと迷うために時間を無駄に費やすより、もっと有効なことに使うことができるのかもしれない。そして、もしかしたら、満ち足りていることはごちそうと同じくらい価値があるのかもしれない。

8 食の主権

小林 舞

「Food Sovereignty」は「食料主権」と訳されることが多かったが、「Food」を、生産するモノ、食べるモノとしての「食料」より、広く健康、環境、文化・社会経済と関わる多元的な意味の「食」として捉え、「食の主権」と訳す方が、本来の意味を的確に表現しているだろう。

食の主権という概念は、「食」や「農」の問題を議論する際に、政治的、経済的な力学が含まれてくることを認知できるように提唱されたものである。一九九六年に行われた世界食料サミットで、二億人もの農民を代表する国際小農連帯組織ビア・カンペシーナによって提起され食の主権というテーマが国際的に注目されるようになった（Edelman 2014）。

それは、食の主権と密接に関連する「食料安全保障（Food Security）」という概念の問題点を指摘するためであった。食料安全保障は一般的には「すべての人々が、活動的で健康的な生活のための食事ニーズと食品の好みを満たす十分で安全で栄養価の高い食料に、物理的、社会的かつ経済的に常時アクセスできる場合に存在する状況」（ＦＡＯ駐日連絡事務所 二〇二一）とされている。この定義には、どのような食料を、どのように、どこで、誰の手によって生産するのか、食料の生産・分配や消費のあり方の問題に関する視点が欠けており、工業的で大規模な生産と流通を前提としているという解釈が成り立ってしまう（Wittman et al. 2010）。日本の食料・農業・農村基本法においても、食料安全保障は「国内の農業生産の増大を図ることを基本とし、これと輸入および備蓄を適切に組み合わせ、食料の安定的な供給を確保すること」（農林水産省 一九九九）とされており、同じ批判ができるだろう。

食の主権は当初、食料安全保障に対峙するオルタナティブな概念として提起され、その後様々な視点が付け加えられていった。現在、最も一般的には、食の主権は、二〇〇七年にマリで開催された食の主権フォーラムの「ニエレニ宣言」で提唱された「健康的で、地域文化に相応しく、環境に配慮し持続可能な方法で生産された食べものに人々がアクセスできる権利。また、自身が口にする食べものを選び、そのために営みたいと考える農業のシステムを選択できる権利」(Nyéléni 2007)と理解されている。

農業・食料の国際政治経済学の研究者である久野秀二は、食料安全保障と食の主権の概念を巡る議論の中で両者に関連する「食料への権利(Right to Food)」という概念に言及し、歴史的に食料への権利が食料安全保障の持続的享受に必要な資源にアクセスする権限、すべての人の食料への権利を法的に保障しようとするものであるのに対し、食の主権は、食料への権利の保障に必要な農業や貿易の政策・諸慣行のオルタナティブなモデルを提示し、それを促進しようとしている点に特徴がある、と分析している(久野二〇一一)。このように食の主権は、食を巡る人間関係、社会制度全般に注目し、積極的にそれに働きかけていこうとする視点を含んでいる。先のニエレニ宣言でも、人々のための食料であるということに焦点を合わせること、食料供給者を大切にすること、フードシステムをローカル化すること、それぞれの地域が食料・資源の管理を行うこと、そのために必要な知識と技能を高めること、自然とともに歩むことが具体的指針として示されている。

食の主権は、「地域に根差したフードシステム」の構築を「民主的に進めていく」ことを強調する。地域に相応しい食料の生産と消費を核として人々の生活へ導入するにあたっては、土地や水資源の確保など、地域に適した、多様な持続可能な環境づくりが当然求められる。とすれば、地域固有の食料市場を取り巻く農業政策、開発計画、さらには貿易政策も視野に入る。その際、行政の果たす役割、国民の関与、多様なアクターが意思決定に参加する民主主義そのものの確立が、食の主権の確保にあたって切り離すことができない必要条件となってくる。飢餓と栄養問題に取り組むＦＩＡＮインターナショナルはその見解の中で、「食料の選択、アクセス、生産に関する経済的、社会的、文化的、政治的な権利とニーズを実現するために、人々とコミュニティの認識とエンパワーメントを前提としている」と指摘している（Windfuhr & Jonsén 2005）。

ここで、食の主権を個人の選択権として限定的に捉えてしまう危険性についても指摘しておきたい。食の主権を個人レベルだけで考えると、買い物における選択の自由といった枝葉の問題に局限され、市場を取り囲む状況や食の流通システム全体の構造的な問題点が見えなくなってしまう。つまり、食の主権は、土地収奪や環境危機、新自由主義的な農業・通商政策や貿易協定に対する存在論的なオルタナティブの提示を目指すことから生まれてきた概念であり、その意味で、「食」を通して「世界」を捉えなおす試みなのである（McMichael 2014）。

多くの食品が世界市場で流通していることから、どの国の人々の生活も世界市場の動向に左右されるようになってきた。市場の大きさが豊かさをもたらすというより、その過程で苦しむ人口が増加している。そうした負の側面を解消すべく、ベネズエラ、マリ、セネガル、ネパール、エクアドル、ボリビア、ニカラグアなど七ヵ国が食の主権を国の政策の重要課題とすることを決定し、憲法や国内法の中に初めて明記した（Beauregard 2009）。これに他の国々も触発され、食の主権を確保するための取り組みは、世界中の国や地域へ広がりつつある。

日本において食の問題が議論される場合、消費者から見た食の安心や安全、健康志向、地産地消、旬などといったテーマが多い。しかし、特に、大量の食品のみならず家畜の飼料や種子を輸入に依存している日本のフードシステムの脆弱性について踏み込んで考えると、私たちが日常的に食べているモノに、多くの人権問題や環境問題に関わる課題が潜んでいることがわかる。また、自由貿易協定によって、日本は国際貿易への食料依存をますます高めている。国際貿易の是非に加え、輸入増加による国内の食料生産基盤の弱体化による損失は大きい。

海外に大きく依存しながら忘れられがちな農業資材に種子がある（序章、本章第10節参照）。二〇一八年時点では、世界で流通している穀物、野菜、果物の種子の六割以上がたった四社の農薬種苗会社によって支配されている。近年の盛んなアグリビジネスの大型合併に伴い、売り手寡占の状況は、種子の多様性の減少、イノベーションの低迷、種子の価格上昇、さらには種子保存といった全般的な問題につながっている（Howard 2020: 15-29）。このような傾向は、種子に限らず多くの巨大食品会社がもたらすもので、結果的に人々の食に関わる選択肢を狭め、食料生産地の環境や労働力への負担を増やすとともに、それぞれの地域に存在してきた食文化を衰退させることによって食の主権を弱めている。また、食の主権の大切な要素として、生物・文化的多様性の重要性も指摘されている（Pimbert 2018: 16-18）。自然環境の持続性にも、民主的社会の維持にも多様性が欠かせないことが改めて論じられている現在、食の主権が多面的なものになればなるほど、作物の種子は、あらゆる多様性を支える「種子」となる。

食の主権を国の政策課題としてだけではなく、多くの民間アクターが参加する社会運動としての課題と位置付けることは、どのような社会を目指すべきかという問いに直結する。私たちは、ともすれば伝統的な農業や多様な食文化を駆逐していく形で進む農政や、グローバルに展開する工業的なフードシステムに対するアンチテーゼとして、食にまつわる課題を巡って世界中で展開している運動と連帯、提携し、消費地、生産地を含むそれぞれの地域で食の主権を掲げるオルタナティブな実践を提示し、導入していくことができるだろうか。今、それが試されている。

9　コモンズとしての食

田村典江

コモンズとは所有される資源やその管理制度のことを意味する用語で、もともとはコミュニティで共有される入会地を意味した。コモンズという概念が社会的な注目を集めたきっかけは、一九六八年に発表された「コモンズの悲劇」という論文である。アメリカの生態学者であるハーディンは、「誰のものでもないみんなのもの」は、利用者が自己の利益追求を第一として振る舞うため、必ず乱獲や濫用の状態に陥ると論じ、過剰利用による資源の崩壊を防ぐためには、資源は共有ではなく公有または私有で管理されるべきだと主張した。この議論の主眼は資源の質と利用ルールにある。ハーディンは人間は必ず利己的に振る舞うと想定している（Hardin 1968）。その上で、分割して管理できる資源は私有化して市場による経済合理性で、また分割や私有になじまない資源は公有化して公権力が設定する利用ルールのもと利用することが、資源の持続可能性を担保する唯一の方法であると考えた。ある意味で、この指摘は正しい。学校やクラブなどで共用の器具や備品が乱暴に扱われ、使いものにならなくなったという経験は誰しもあるだろう。

しかし実際には、「みんなのもの」として利用されながら長期にわたって持続的に利用されている資源やそうした利用を行う集団は世界中に無数にある。例えば日本の沿岸漁村では、独自に禁漁期を設定したり漁具を制限したりして、取りすぎない工夫を行っている。逆に、公のルール設定が失敗することもあれば、経済性だけを物差しにしたために管理がうまくいかないという事例も枚挙にいとまがない。ハーディン以降、経済学や人類学、地理学、社会学などの分野でコモンズの研究が進んだ。その結果、公権力や市場を介さなくとも、集団は自らルールを作り持続的な管理を営むことができることを示したオストロムの研究は、二〇〇九年にノーベル経済学賞を受賞している。

コモンズを巡るこのような議論の延長線上に登場したのが「コモンズとしての食」という考え方である。現代では多くの人が食べものは商品であり、買って手に入れるものであることを当然だと考えている。だが、食べものが商品であることを受け入れるならば、高価すぎて買えないという状況に陥ることも覚悟しなければならない。現実に、世界の多くの国で、食料の量的な供給不足ではなく、十分に栄養価の高い食事を安価に入手できないという社会経済的要因によって、飢餓や栄養不良が生じている。日本でも学校給食を命綱にする子どもたちの存在が広く報道された。

世界の食料価格は紛争や異常気象に影響を受ける。さらに、近年のバイオエネルギーブームは穀物のバイオ燃料への転用を促進し、食料価格の高騰に寄与している。グローバルな市場に接続する商品化された食を前提とする限り、「高くて食べものが買えない」状況が、いつ降りかかってきてもおかしくない。だが食べるという極めて根源的な行為が、歴史的にみても最近の発明に過ぎない国際市場に、なぜ支配されなければならないのだろうか。有史以前から、人はモノを食べてきたのに、いつから「買う」ことが「食べる」ことの前提になったのだろうか。

「コモンズとしての食」は食の行き過ぎた商品化を批判し、食べものや食べるという行為を位置付けなおすための投げかけである。提唱者であるヴィヴェロ・ポルは、食には本来、経済価値以外にも多様な価値があったが、現代では経済性、すなわち市場での取引価値だけが着目され、文化や人権といった側面が無視されていると批判する（Vivero-Pol et al. 2019）。「コモンズとしての食」が描くのは、利益最大化を目指して動く産業ではなく、生産者と消費者が共的な関係を構築し、地域の自然や社会と折り合って、誰もが食べものにアクセスできる姿であり、そこでは食は「みんなのもの」になるのである。

10　知的財産としての種子

田村典江

人類の農耕の歴史はおよそ一万三千年前にさかのぼることができるという。現在、陸上には約三〇万種の植物が同定されているが、経済活動として人間が栽培している植物（作物）はおよそ五〇種にすぎない。そして、そのほとんどすべての作物の起源が、メキシコから南アメリカ、近東からアフリカ中央部、そして中国北東部から東南アジアという限られた地域に集中している（河野二〇〇二）。長い歴史の中で多くの有用な植物の中から選抜され固定された植物が、ヒトの移動に伴って世界各地へと広がり、栽培され、地域の食文化を生み出していった。

同種の植物であっても集団の中にはいろいろな性質がある。一群の植物集団の中から、性質のよいものを選び、その種を取って翌年栽培するというサイクルを繰り返すことで、近代以前の品種改良は進んだ。注意深い観察力と丁寧な世話、そして何より時間を要する営みであった。しかし、二〇世紀に入り、メンデルの法則の再発見により遺伝学が近代科学として再編されると、計画的な品種改良が可能となった。中でも、Ｆ１品種の登場、「緑の革命」、そして遺伝子組み換え技術という三つの技術的発展は世界の食と農の転換点だろう。

Ｆ１とは雑種第一代のことである。異なる遺伝子を交配させて生み出された雑種は生育がよくなり、均質なものとなる。二〇世紀前半にアメリカで研究開発されたトウモロコシのF1品種は目覚ましい収量向上をもたらした（藤巻 二〇〇〇）。ただし第一代の優れた形質はその後の世代には引き継がれない。そのため、農家は翌年以降も種子を購入して栽培することになる。もともと農家は収穫物から次のシーズンのタネを取り分けて用いていたが、F1品種作出技術の登場によって企業による種子の商品化が進んだといえる。

トウモロコシに続いてコムギとイネで進んだのが「緑の革命」である。一九五〇年代、アメリカの農学者であるボーローグはメキシコで地元のコムギ品種に外来の背の低い品種をかけ合わせて、多収性の品種を作り出すことに成功した（このとき用いられた背の低い品種が、日本で選抜育種された「農林一〇号」であったことは、よく知られている）。数々の多収性品種の育成の結果、メキシコのコムギの収量は三〇年で六倍になった。この「緑の革命」はメキシコにとどまることなく、パキスタン、インドなどへも広がっていった。その後、コムギの改良をモデルにイネの改良がフィリピンで始まり、各地に普及していった。「緑の革命」は世界中の食料増産に貢献したとして、ボーローグは一九七〇年にノーベル平和賞を受賞している。

F1品種と「緑の革命」は画期的な成功とはいえ、その本質は優れた形質の探索・発見と交配であり、近代以前の品種改良をより洗練させたものに過ぎない。これに対して、品種改良の枠を超え、異種の生物の遺伝子の導入をも可能にしたのが遺伝子組み換え技術である。遺伝子工学は当初、医学・薬学分野で進展したが、種子の観点からみて大きな転換点は一九九六年に商業化された除草剤耐性をもつ作物だろう。除草剤耐性をもつ作物の畑では雑草を防除するために除草剤を散布することができ、作業効率は飛躍的に高まる。その後、除草剤耐性や病害虫への抵抗性を高めるだけでなく、栄養成分の含有量を高めるといった組み換えも行われるようになっている。

遺伝子組み換え作物（GM作物）については、外来の遺伝子が導入された作物を食べることへの不安、すなわち食品安全上の問題として懸念されることが多い。しかし、現在、日本やその他の国で流通している遺伝子組み換え食品は、各国の厳しい安全性審査に合格したものであり、たちまちの心配はないと思われる。もっとも人類にとって新しい経験であることから、長期的な影響はわからないとする考え方は理解できる。その点からいえば、食品安全上の最大の問題は、遺伝子組み換え食品の表示規制が不十分であるために、避けたい消費者が避けられないことにあるといえるかもしれない。

種子の観点から見ると、遺伝子組み換え技術の問題は、F1品種や「緑の革命」と同じく、農業の形を一変させた点にある。これらの技術は作物の生産性の向上をもたらしたが、同時に農業の画一化を推し進めた。〝育てやすく、たくさん収穫できる品種〟の登場は、在来品種の多様性を急速に消滅させた。日本国内だけを見ても、明治初期には約四千種が栽培されていたコメは、二〇〇五年には八八品種のみとなり、かつ生産量の過半以上がコシヒカリ系統で占められている（環境省二〇一二）。このような遺伝的多様性の減少は病害虫に対するリスクを大きくしている。また、在来品種の多様性は人類全体の資産である。すべての遺伝子情報を解析してデータとして保管したり、各地の種子を収集して貯蔵すればよいと考えるかもしれないが、そもそもそれらの事業には十分な予算が分配されていないという現状がある。また貯蔵された種子から発芽させる過程はそれほど簡単ではない。在来品種が栽培される圃場はいわば生きた博物館・実験場であり、種子貯蔵はあくまでその補完と考えるべきだろう。

農業の画一化は社会経済面でも大きな問題をはらんでいる。「緑の革命」に対する最も主要な批判は、導入された〝多収性品種〟は一定の条件下でしかその性能を発揮しないという点にある。イネの場合でいえば、灌漑設備があり水管理が行き届いた水田で、肥料が十分に投下されるという条件が必要であった。イネは山岳部では畑で、洪水地帯では浮稲として、地域の自然にあわせて多様な栽培が行われていた作物だが、それらの地域への導入は失敗している。また平坦で灌漑設備の整った田畑をもつ農民は生産性を向上できたが、余剰の収益で機械化を進めたために、雇用農業労働者であった低所得層は、都市部への出稼ぎなどに転じざるをえなくなったという指摘もある。何より、食料生産量は増加したが世界の飢餓は解消していない。

さらに、除草剤耐性をもつダイズが当の除草剤とセットで販売されるように、種子の商品化は種子・肥料・農薬パッケージの商品化へと発展している。現代では種子販売の多くは多国籍アグリビジネス企業の一部門となり、パッケージ全体がアグリビジネスの収益源となっている。農業資材の多くをこれらの企業に依存せざるをえなくなると、農家の本来的にもちえた創造性や自立性は著しく損なわれる。

種子の商品化にはもう一つ別の論点もある。それは「種子は誰のものか」という問いである。企業は新たな品種の開発に研究予算を投下しているため、商品化による収益で投資を回収する必要がある。そのため新たに育成・販売された品種を自由に増殖・配布されると損害が生じる。そこで一九六一年に新品種を保護する国際条約が作られ、「育成者権」という権利が構築された。これは特許に近い知的財産権であり、各国で国内法により担保されている。これにより新品種を育成・登録した者は、利用者から許諾料を得ることできる。しかし農家が次のシーズンのために買った種子を増やす場合については、「農民の特権」として例外的に許されていることが多い。

一方、遺伝子工学の進歩は素材となる遺伝情報の資源化をもたらした。よく知られているように、低緯度地域の生物種数は高緯度地域よりも多い。多くは先進国である高緯度地域に本拠を置く大企業が途上国である低緯度地域の生物資源を収集し、その遺伝情報を用いて新たな発明を行い、特許により収益化することには、倫理的な問題がある。そこで生物多様性条約において遺伝資源を保有する国が主権的な権利を有することが認められた。

現代のような情報化社会では、知的財産権のもつ意味は大きい。育成者権も遺伝資源の保有国主権も、至極当たり前の制度に思える。しかし、その運用はなかなか難しい。〝どこかから飛んできた種子〟が自身の圃場内で成長し、それが収穫された場合はどうなるだろうか。カナダでは実際に、そのような事例から育成権者である企業が農家を訴え、農家が敗訴するという事件があった（平木二〇〇五）。また新品種を開発しそれを登録するためには技術・知識と費用が必要であり、アグリビジネス企業が圧倒的に有利な立場にあることも事実である。

そもそも地球上のすべての生物種とその遺伝的多様性は、誰のものでもない自然の恵みである。自然が育み人が守ってきた在来品種や種子の歴史を学び、「種子は誰のものか」を問うことは自立した食の源を考えることにほかならない。

11 食の透明性

スティーブン・R・マックグリービー
（小林優子訳）

今日、私たちが口にする食べものは、まるで中身のわからないブラックボックスである。世界中に大規模なサプライチェーンが張り巡らされ、ある国で生産された食材は、別の国に送られて加工、包装され、私たちの近所のスーパーの棚に届く。私たちは、その食べものがどこから来たのか、誰がどのように生産したのか、そして私たちが食べものを消費することで人や地球にどのような影響を与えているのか、ということから完全に切り離された状態にあり、十分に理解できていない。

本章で取り上げる例には、畑から食卓までの距離を縮め、私たちと食べもの、またフードシステムと私たちの周りの場所を再びつなげるものがあるだろう。ここでは既存のフードシステムの透明化を進めるツールに着目する。そうした透明化は、フードシステムをより持続可能なものへと移行させるだろう。

私たちが食べものの透明性に出会うことのできる場所といえば、食品の包装が最も一般的である。原材料や栄養価、そして生鮮食品の場合は原産国など、特定の情報を食品ラベルに明示することが法律で義務付けられている。中でも、オーガニック、フェアトレード、エシカルな商品を生産する会社は、環境意識の高い消費者や情報を求める消費者にアピールするため、積極的に情報を提供する。しかし、大多数の食品については、その背景にあるストーリーや、環境、公衆衛生、あるいは社会にどのような影響を与えているのかについて情報を得る方法はない。

だが、消費者の中には、スマートフォンのアプリを使い、商品情報の大規模データベースから情報を得る人もいる。アプリの中には、科学的基準をもとに商品を評価し、ランク付けするものもある。例えば、オランダには「Questionmark」というアプリがあり、あらゆる商品に公衆衛生、環境、人権、動物福祉へ与える影響について点数を付けている（マックグリービー・ルプレヒト 二〇一七）。商品のバーコードをスキャンするだけで、その場で商品の情報が手に入り、消費者は購入するかどうかを決めることができるのである。

しかし、こうしたアプリは消費者のみを対象としているわけではない。アプリ開発者は食品会社に対し、製品に関する追加情報や最新情報を提供するよう絶えず求め、専門家たちが提供された情報を評価する。アプリに情報を提供したくない、あるいは提供できない食品会社は信頼性が低いとみなされ、より低い評価を受けることになる。アプリによって、食品会社間の競争が生み出されるのである。そして、より透明性の高い会社の努力が報われるだけでなく、より持続可能な生産のあり方を推し進めることにもつながる。

日本では、FEASTプロジェクトが「エコかな」と呼ばれる同様のアプリを開発している。ヨーロッパでは、食の透明性を高めるために、食品会社や政府に圧力をかける市民団体やNPO・NGOが多く存在しているが、日本では一般公開されている食品データはまだ少なく、多くのギャップを埋めていかなくてはならない。「エコかな」では、ユーザーがデータの不足している商品を見つけたら、アプリを通して食品会社に情報をリクエストすることができる仕組みになっている。

もちろん、消費者が情報を得ることができても、それだけで行動を変えることはできない。研究者は、これを「知識と行動の不一致」と呼び、情報提供だけで消費者の行動変容は生じないと論じている（序章参照）。私たちの行動や選択は、文化・社会的規範、習慣や日課など、多くの要因に影響を受ける。こうしたアプリの最終目標は、食の透明性に対する社会の強い期待、つまり、これらの食べものを体内に取り込むのであれば、その食べものを取り巻く全容を知るべきだという感覚を生み出すことにある。すなわち、食の透明性を求める声が非常に大きく、食品会社や生産者がそれを無視することができないような状況を創出することである。

食の透明性とは、情報源を信頼することでもある。地域レベルでは、地域社会や地域ブランドを軸に信頼関係を築くことで、食の透明性を高めることができるだろう。通常、近隣地域外で作られた商品については、その生産方法を確認することができないため、ブランド化やラベル表示が不可欠である。農家や生産者は、商品がどのように生産されているか、あるいはそれを購入することで地域経済の支援にどのようにつながるかをアピールできるよう自主的にラベル表示することで、消費者に対し自分たちは信頼できる存在であり、地域の健康や福祉を気にかけていると発信している。このように、食品の透明性は「連帯経済」を構築するための手段となるのである。

付記　ここで紹介した、ＦＥＡＳＴプロジェクトが開発した食品情報見える化アプリ「エコかな」の解説については、次のサイトを参照されたい。

https://www.feastproject.org/ecokana/

下のＱＲコードを用いて、アップルストア・グーグルプレイからダウンロードできる。関心をお持ちくださった方は、お試しいただきたい。

APPStore

GooglePlay

12　フードポリシー・カウンシル

太田和彦

もしもあなたが自分の住む地域の食に関連する課題に取り組むことになれば、最初に目の当たりにするのは、その課題に関わる人々や組織、コンセプト、活動、行政部局、インフラの多様さだろう（図7）。誰に向けて働きかけるべきか、そのためには誰と相談・連携すればよいのか、取り組

図7　食に関わる人々や組織

出所）FEASTサイト（feastproject.org/blog_fpc-infographics/）

みを続けるための仕組みをどのように作ればよいのか、多くの疑問が生じるはずだ。それらの問いに、「フードポリシー・カウンシル」（以下、ＦＰＣ）は答えることができるかもしれない。

ＦＰＣとは、食を巡る地域の問題に取り組むため、食を取り巻く行政や民間の多様な立場のメンバーが協力し、話し合いを重ねて公共政策への提言につながるような仕方で、問題の解決を図る組織である。二〇〇〇年代からアメリカやカナダで設立数が増加し、二〇一八年の時点で、北米大陸では三三九のＦＰＣが活動している（Bassarab et al. 2019）。ＦＰＣの主な役割は、連携が必要とされる食の課題に対処するための障壁の解消である。一つの業種や部署では、活動にどうしても限界がある。

そこで、ＦＰＣのように、立場は異なるが類似した問題意識を持つ関係者が集まり、行政と民間を仲介する重要な役割を担うことになる。多様なステークホルダーが一堂に会し、公共政策への提言を通じてこれからの地域の姿について意見表明をし、改善策を案出しあう場は、日本では残念ながらまだそれほど多くない。

　フードポリシーというと、農林水産業の話であってまちづくりとは関係ないと思う人もいるかもしれない。ラングは、フードポリシーは次のような四段階の歴史的推移をたどったと整理している（Lang 2009）。①農業の生産量を向上させるためのフードポリシー（一九四〇年代〜五〇年代）、②市場や経済発展のためのフードポリシー（一九七〇年代）、③生態学的危機と市場の失敗に対処するためのフードポリシー（一九八〇年代〜二〇〇〇年代）、そして④気候変動や生態系悪化、都市化、人口増加、公衆衛生などの相互連関を考慮した生態学的公衆衛生《エコロジカル・パブリックヘルス》のためのフードポリシーであり、現在はこの段階にある。この④のフードポリシーを検討するのに、ＦＰＣは重要な役割を果たす。単なる食料供給だけでなく、学校農園を拠点とした福祉や介護、働き口を失った人たちが炊き出しなどを通じてドロップインできる場所の提供、コミュニティガーデンでの活動を通じた多民族間の交流の促進、ヒートアイランド対策を兼ねた屋上緑化など、地域が抱える様々な課題への食を通じた対応をするためには、多様な立場のメンバーが連携し、活動を支える施策を提言する必要があるからだ。世界で最初のＦＰＣは、一九八二年、アメリカ・テネシー州のノックスビルで設立された。すでに一九六〇年代から、生活困窮者や児童施設入居者が「食べられない」という問題の解決策として、フードバンクが広まっていたが、ＦＰＣはふつうの生活者が「健康や文化に配慮したものが食べられない」という問題から立ち上がった。この背景には、テネシー州での、都市圏の人口増加や所得格差の拡大などの問題をふまえたまちづくりのあり方についての議論の高まりがある。

カナダ・トロント市のＦＰＣをはじめ、多くのＦＰＣの基盤となっている標語の一つが「食は単なる商品（commodity）ではない」である（Welsh & MacRae 1998）。第９節で述べられている、食を「コモンズ」として捉えなおす動き（Vivero-Pol 2017）とＦＰＣの取り組みが通底していることがわかるだろう。いずれの場合も、人々のくらしを支えていく共通基盤としての食を重視すること、そしてその基盤を維持するためのルールをボトムアップで作り上げていく必要性が含意されている。このように、食に積極的に関わる人々は「食の市民《フードシチズン》」とも呼ばれる（西山二〇一七）。

モーガン（Morgan 2015）や立川（二〇一八）が指摘するように、食が様々な観点から人々の注意を喚起することが広く認知され（農業、文化、伝統、観光、社交、福祉、アイデンティティなど）、食が有する多面的機能（コミュニティ形成、文化・教育、地域活性化、にぎわい、観光、栄養、福祉など）が評価される中で、都市計画やコミュニティ、公共空間のあり方に関する議論と、フードシステムに関する議論を重ね合わせながら議論していくことは、今後、さらに重要性を増すだろう。ＦＰＣもまた、その議論の場としてさらに広まっていくはずだ。

13　ウェルビーイングとレジリエンス

太田和彦

「善き生《ウェルビーイング》」と「弾力性《レジリエンス》」は、「持続可能性《サステナビリティ》」と並んで、今日、望ましい社会のあり方を表現する上で、最も魅力的なコンセプトである。ジョゼフとマクレガーは、善き生、弾力性、持続可能性というコンセプトの組み合わせは、二〇〇七年に顕在化した金融危機以降の時代における経済的・社会的な取り決めを再考するための多くの取り組みの主軸となっていることを指摘している（Joseph & McGregor 2020: 2）。多くの政府や国際機関は、これら三つのコンセプトの組み合わせのもとで、不平等の拡大によって取り残され、経済的に不安定な立場におかれる人々の増加に対処する包括的な施策を提案している。ここでは、これらのキーワードの内容とその背景について、特に善き生《ウェルビーイング》と弾力性《レジリエンス》を中心に概説する。

善き生《ウェルビーイング》というコンセプトは、二〇世紀後半から国際的な声明における理想を表現する上で長らく使用されてきた。例えば、一九八六年に国連で採択された「発展の権利に関する宣言」では、「すべての人の善き生の絶えることない改善」がその目標とされている。二〇一五年に採択された「持続可能な開発のための二〇三〇アジェンダ（ＳＤＧｓ）」の「目指すべき世界像」の中でも、善き生は、貧困と不平等を減らし、人権を守り、生活をより安全にし、生態学的危機に直面した自然環境を保全するという、いくつもの目標を結び付ける役割を果たしている。

また善き生は、GDPやその他の狭い経済的指標だけでは社会の発展と進歩を測るのに十分ではないという認識を示すものでもある。二〇〇九年に発表された「経済パフォーマンスと社会の進歩の測定に関する委員会」による報告書は、経済発展が実際に人間開発に貢献しているかどうか、そして環境的に持続可能な方法で貢献しているかどうかをよりよく評価するために、どのような対策を開発できるかを検討し、「経済的生産の測定から、人々の善き生の測定へと重点をシフトすることが必要である」と結論付けた（Stiglitz et al. 2009: 12）。

この報告書の公開が、世界的な金融危機の始まりと一致したこともあり、地域、国、および世界レベルでの幸福測定の取り組みが多く実施されることとなった（Bache & Reardon 2016）。もちろん、それは測定するだけにとどまらず、善き生とは何か、それはどのように構成するか、それをどのように実現するか、そもそも誰にとっての善き生を考えるべきなのかという議論の種ともなり、共有公共財と政治のあり方の批判的な再検討を促してもいる。

もう一つの弾力性《レジリエンス》というコンセプトは、災害リスクの軽減、人道的危機、開発戦略、テロ対策、インフラの維持、国家安全保障など、様々なトピックに関わる政策の中で急速に広まった。基本的な意味は、「危機、ショック、災害から回復する能力、またはリスクとストレスに対処する能力」である（European Commission 2012）。ただし弾力性は、いろいろな分野で使われる概念であることに注意が必要だ。同じ弾力性という言葉であっても、例えば生態学に由来する場合は、システムが適応して生き残りつづける能力が強調される。一方で心理学に由来する場合は、トラウマに対処する個人の能力が注目される。また、弾力性を議論するとき、防波堤や耐震設備など、脅威から直接私たちを守る物理的なインフラストラクチャの性能と、社会制度や文化、教育など、人間の適応能力を底上げする仕組みのどちらかだけの議論になってしまっていないかにも注意を払いたい。両者は、お互いを支えあう形でしか真価を発揮しないためだ（Berkes & Ross 2015）。

善き生、弾力性、持続可能性に関連する、今の私たちが生活している社会や環境、その他のシステムを理解・分析する観点として、効率性《エフィシェンシー》、自律性《オートノミー》があげられる。「資源・財の配分について無駄がないか」「私たちが満足するのに十分な程度の経済発展や消費のあり方とは、どのようなものか」「私たちが従うべきルールを、私たち自身で決めることができているか」という問いかけを通じて、私たちの生活を省みてみよう。これらの問いかけは私たちが普段から使い、私たち自身を規定している「個人」の概念（経済的に合理的な行動を選択する、予測可能な「個人」）を、社会的および制度的に埋め込みなおすことであると見ることもできる。

善き生、弾力性、持続可能性を組み合わせるというアイデアは、歴史を振り返れば決して新しいものではないが、将来が不確実で予測不可能とみなされる今日、改めて脚光を浴びたといえるだろう（Joseph & McGregor 2020: 105）。それぞれのコンセプトの起源ははるか昔にさかのぼることができる。私たちの経済と社会の発展は人間のよりよい幸福を目的とすべきであるという考え方は、数世紀前から政治家や政策立案者によって唱えられてきた。しかし、この二〇年ほどで、この約束事は象徴的なものではなくなった。「人新世」と呼びならわされる、環境条件の安定性を望みにくい時代において、社会のあり方を議論するための指針として、三つのコンセプトはより具体的に戦略を左右するものとなっている。

14　コンヴィヴィアリティ

クリストフ・D・D・ルプレヒト
（小林優子訳）

私たちの食べものの生産に使われる道具は、私たちの価値観、特にフードシステムを形成する価値観とどのように関係しているだろうか。どの道具を用いるかは食の目指すところによる。工業的な生産性を求めるフードシステムか、あるいは、コンヴィヴィアルな社会の基盤となる食か。本章第2節「適正技術」で示したように、どの道具を選ぶかによって異なる結果がついてくるため、十分な検討が不可欠である。ここでは、I・イリイチの「コンヴィヴィアリティ」の概念をより深く探り（イリイチ 二〇一五）、食の文脈においてどのような学びがあるかを検討したい。

イリイチは、産業システムは私たちを麻痺させ、私たちの自律性、つまり資源をどのように使い、どのように私たちのニーズを満たすかをコントロールする力を排除するとした。その方法は、一見私たちのニーズを満たしているかのような商品の大量生産と提供である（Deriu 2014）。

例えば、スーパーマーケットで売られている商品は多種多様で、私たちに選択の自由があるかのように錯覚させる。五品種のリンゴが陳列されているとしよう。しかし、結局すべて見た目（完璧な形に色）も味（高糖度）も一緒なのである。そちらに気を取られているうちに、フードシステム内の野菜や果物の種類は、着実に減り続けている。

産業主義的フードシステムは生産性と効率性を重視するため、販売価格でのみ食品の価値を測る。これは、用いられる道具からも見て取れる。例えば、操作や修理に専門技師を必要とする機械、特殊な肥料・農薬を使い人間の管理下でなければ育たない種子や苗、低コスト経営のためには大量生産し続けなくてはならない大規模加工工場、世界中に張り巡らされた複雑で入り組んだ流通システムなどである。

では、フードシステムの生産力と効率性への執着は、生産者にとってどのような意味を持つだろうか。そこでは、何をどのように栽培するかという選択肢が狭められている。専門家のサービスや大企業の販売する資材が必要となり、そのために売れる商品を生産し市場競争に勝たなくてはならない。消費者も同様に、食料を買うために労働しなくてはならず、本来なら自分たちで必要なものを生産するために使えたかもしれない時間もなくなってしまう。

生産者も消費者もこのようにして、ニーズを満たすための所得獲得に集中するようになり、労働により生まれるモノとの関係、人間関係、環境との関係が侵食されていく。マルクスはこのプロセスを「疎外」と呼ぶ。

これとは対照的に、コンヴィヴィアルな社会とは、人々が自分たちのニーズを自律的に満たすことができる社会である。そこでは、必要なモノを自ら生産し、市場と関係なく交換・共有する。イリイチは、道具はこのプロセスを創り出す、あるいはそのプロセスを抑止する存在であるとしている。

ある道具は、誰が所有し使おうとも、本質的に破壊的な道具であり、集約型市場経済を備えた産業社会を創出し、必要とするため、需要と依存性を新たに生み出すように設計されている。破壊的な道具の一例がハイブリッド種子であろう。自家採種できず、農家は企業から購入しなければならない。それに対して、自分で使い方を決めて、自分の目的に合わせて簡単に適応させることができるならば、その道具はコンヴィヴィアルだといえる。そのような道具は、私たちの自由と自律性を高め、創造する力と創意工夫の幅を広げてくれる。例えば、アグロエコロジーやパーマカルチャーに使われる道具や技術は、農家の外部投入への依存度を和らげている。また、鍋やガラス瓶を活用すれば、多様な食品を様々な形で長期間保存することも可能である。

道具という枠組みを出て、イリイチのコンヴィヴィアリティ概念を検討してみると、フードシステムの再考にもつながるだろう。道具は、労働問題からジェンダー、年齢、種間関係に至るまで、私たちが互いに、また環境とどのように関係しているかという文脈の中に位置付けられる。よりよいフードシステム実現に向け、制度、構造、関係について決断を下す際、私たちは常に基本的な質問に立ち返るべきである。

私たちの自律性は高まるだろうか。ニーズをどのように満たすかについて、決定権は私たちにあるのだろうか、それとも誰か他の人が決めるのだろうか。人々の創造力が高まり、新たな可能性の創出につながるのだろうか。このような問いに向き合えば、私たちが真に望むものが導き出される。そして、私たちは一つ一つの行動や選択を通じて、よりコンヴィヴィアルなフードシステムにつながる道筋を見出すことができるだろう。

15 食べものとつながるくらしのあり方

スティーブン・R・マックグリービー
（小林優子訳）

現代の日本社会には張り詰めた矛盾が存在している。その矛盾から、多くの人が自分のくらしを見直そうとしている。興味深いのは、食に対する思いもその一翼を担っている点である。一九七九年以降、世論調査では日本人は「物の豊かさ」よりも「心の豊かさ」を重視してきたことが明らかとなっているが、その一方で、大多数の人にとって働く理由は「お金を得るため」であることも示されている（内閣府二〇一九）。「物の豊かさ」よりも「心の豊かさ」を求める気持ちが強い一方で、お金を得るためにくらしの大半を仕事に費やしているのだ。この矛盾がわかるだろうか。多くの人にとって、食に強く結び付いたくらしを送ることは、「心の豊かさ」と、より持続可能なライフスタイルを見つける方法の一つなのである。

それでは、くらしと食を結び付けるとはどういうことだろうか。私たちは、生きていくために毎日食べる必要があり、そのため常に食べものと触れ合っている。買い物をしたり、家で料理をしたり、外食をしたり、おやつを食べたり、子どもに食べさせたりといった具合である。ほとんどの場合、私たちは何か考えるでもなく、習慣からこうした行動をとっている。しかし、よく見てみるとわかるのだが、そこにはより深い意義が存在している。充足性、ウェルビーイング、コンヴィヴィアリティといった価値観は、多くの食の実践の中に簡単に見つけることができる。例えば、ガーデニングは心身の健康を向上させることが研究で示されている。そして、人と一緒に料理をして共有すること、つまり食べることのコンヴィヴィアリティに喜びを見出す。最も普遍的で古くからある幸せなくらしの例の多くでは、食が不可欠な役割を果たしてきた。しかし残念なことに、現代社会において私たちはあわただしく次から次へと移動していて、努力なしには、友人のために料理をしたり、庭の手入れをしたりする時間を作ることもできない。そうした中で、食や農業とのつながりを取り戻し、くらしのペースを落とし、人生で何が大切なのかを再考することで、現代のライフスタイルを見つめ直している人もいる。

農的なくらしを望む人たちの多くは、「半農半X」という考えを取り入れている。特に、都会からの地方移住者に人気があり、農業生産（農作業、家庭菜園など）と「天職」を両立するライフスタイルである（塩見 二〇〇八）。塩見直紀氏は、一〇年間のカタログ通販会社勤務を経て、故郷である京都府綾部市に戻り、「半農半X」というライフスタイルを普及させた第一人者である。過疎化により廃校となった小学校を活用し「NPO法人里山ねっと・あやべ」を設立し、現在はハイブリッドな農的くらしの一環として「X」となる地元ビジネスの立ち上げ支援をしている。

興味深いのは、「半農半X」の概念が社会全体に広く浸透してきた一方で、農村部ではそのライフスタイルはもともと馴染みのあるものだという点だ。自分たちを「百姓」と呼ぶ農業者たちは、常に農的要素と非農的要素を併せ持つ、多様でハイブリッドなくらしを送ってきたのである。「半農半X」が、百姓のライフスタイルを現代向けに再概念化しようとしているにせよ、まったく新しい別ものにせよ、その魅力は農業や食とのつながりにあるだろう。

日本の都市部における消費者のライフスタイルは目まぐるしいものである。それゆえに、物の豊かさを捨て、本物の体験や意義を見出して生きることを重視した質の高いくらしを目指す「ダウンシフターズ」と呼ばれる人たちが誕生している。ダウンシフターズは、高坂勝氏によって広まったライフスタイルで、高坂氏は大手流通企業の高収入キャリアを離れ、池袋でオーガニック・バーを開店し、自給自足に焦点を当てたNPO法人を運営している（高坂 二〇一〇）。物の豊かさよりも自由と個人の自由時間を大切にし、家族や友人と千葉県で農業をしている。彼は「くらしの速度を落とし、消費社会から距離を置き、個人の価値観を重視することを優先している」のである（Klien 2020: 94）。高坂氏はすでに都市を離れ地方に移住し、他のプロジェクトに勤しんでいるところであるが、彼がかつて経営していたバーは、週に四日のみ営業し、自分の畑で採れた有機野菜が振る舞われ、東京におけるダウンシフターズ転向を希望する人たちのハブとなっていた。

これらの例から、私たちの価値観を、充足性、ウェルビーイング、コンヴィヴィアリティに重心を置くべく方向転換すると、食べものを育てて食べることの喜びが、満足感のある、より持続可能なライフスタイルの核となることがわかる。新型コロナウイルス感染症の拡大により、都市から地方への移住者数は増加している。中には「半農半X」や「ダウンシフターズ」というくらし方を選ぶ人もいることだろう。

参考文献

井原縁・東口涼・張平星・小田龍聖　二〇一九「日根荘大木の農村景観」井原縁編『樹木及び関連自然資源調査報告書』泉佐野市教育委員会、一六頁。
イリイチ、I　二〇一五『コンヴィヴィアリティのための道具』渡辺京二・渡辺梨佐訳、筑摩書房。
FAO駐日連絡事務所　二〇二二「用語解説・食料安全保障」『世界の食料安全と栄養の現状』http://www.fao.org/japan/portal-sites/foodsecurity/en/（最終閲覧二〇二一年二月五日）。
環境省　二〇一一『環境白書――循環型社会白書／生物多様性白書〈平成二三年版〉地球との共生に向けた確かな知恵・規範・行動』。
北島健一　二〇一六「連帯経済と社会的経済――アプローチ上の差異に焦点をあてて（川口清史教授退任記念論文集）」『政策科学』二三（三）：一五―三二。
キング、F・H　二〇〇九『東アジア四千年の永続農業――中国・韓国・日本』杉本俊朗訳、農山漁村文化協会。

国土地理院　二〇二一『陰影起伏図』https://www.gsi.go.jp/bousaichiri/hillshademap.html（最終閲覧二〇二一年二月五日）。
高坂勝　二〇一〇『減速して自由に生きる。ダウンシフターズ』ちくま文庫。
河野和男　二〇〇一『「自殺する種子」——遺伝資源は誰のもの？』新思索社。
塩見直紀　二〇〇八『半農半Xという生き方』ソニーマガジンズ。
立川雅司　二〇一八「北米におけるフードポリシー・カウンシルと都市食料政策」『フードシステム研究』二五（三）：一二九—一三七。
鶴見和子・川田侃　一九八九『内発的発展論』東京大学出版会。
デイリー、H　二〇〇六「定常状態の経済」八塚みどり・植田和弘訳、淡路剛久・植田和弘・川本隆史・長谷川公一編『リーディングス環境　第五巻　持続可能な発展』有斐閣、三三五—三五四頁。
内閣府　二〇一九「国民生活に関する世論調査」https://survey.gov-online.go.jp/r01/r01-life/index.html（最終閲覧二〇二〇年一〇月一五日）。
中野佳裕　二〇一七『カタツムリの知恵と脱成長——貧しさと豊かさについての変奏曲』コモンズ。
西山未真　二〇一七「北米ローカルフード運動の深まりによるコミュニティ再生——消費者からフードシチズンへ」大森彌・小田切徳美・藤山浩編『シリーズ田園回帰八　世界の田園回帰』農山漁村文化協会、一九八—二〇七頁。
農林水産省　一九九九『食料安全保障とは』https://www.maff.go.jp/j/zyukyu/anpo/1.html（最終閲覧二〇二〇年一一月八日）。
久野秀二　二〇一一「食糧安全保障と食料主権——国際社会は何を問われているのか」『農業と経済』七七（一一）：四八—六一。

平木隆之　二〇〇五「遺伝子組換え作物をめぐる生命特許と農民特権（二）――『シュマイザー事件』最高裁判決を受けて」『広島平和科学』二七：一五五―一八八。
広井良典　二〇一八「二〇五〇年まで日本は持つのか？――ＡＩが示す『破綻と存続のシナリオ』」『現代ビジネス』https://gendai.ismedia.jp/articles/-/55695（最終閲覧二〇二〇年一〇月八日）。
福岡正信　一九七五『わら一本の革命』柏樹社。
福士正博　二〇一一「持続可能な消費――二つのバージョン（一）」『東京経大学会誌（経済学）』二六九：一九三―二一二。
藤巻宏　二〇〇〇「緑の革命とその後」『熱帯農業』四四（三）：二〇六―二一二。
マックグリービー、スティーブン／ルプレヒト、クリストフ　二〇一七「情報の収穫者とバーチャル農家――アプリを使った消費者との持続可能なフードシステムの共創」『ランドスケープ研究』八一（三）：二八八―二九一。
モリソン、ビル　一九九三『パーマカルチャー――農的暮らしの永久デザイン』農山漁村文化協会。
ルプレヒト、クリストフ　二〇一九「Degrowth（脱成長）とランドスケープ」『ランドスケープ研究』八三（一）：六―七。
Altieri, M. 1995. *Agroecology: The Science of Sustainable Agriculture*. Boulder: Westview Press.
Altieri, M. and Nicholls, C. 2017. Agroecology: A Brief Account of its Origins and Currents of Thought in Latin America. *Agroecology and Sustainable Food Systems* 41: 231-237.
Appropedia 2020. Appropriate Technology. https://www.appropedia.org/Appropriate_technology（最終閲覧二〇二〇年一〇月一九日）
Bache, I. and Reardon, L. 2016. *The Politics and Policy of Wellbeing: Understanding the Rise and Significance*

of a New Agenda. Cheltenham: Edward Elgar Publishing.

Bassarab, K., Santo, T. and Palmer, A. 2019. *Food Policy Council Report 2018*. Baltimore: Johns Hopkins Center for a Liveable Future.

Beauregard, S. 2009. *Food Policy for People: Incorporating Food Sovereignty Principles into State Governance, Senior Comprehensive Report*. Los Angeles: Urban and Environmental Policy Institute, Occidental College.

Berkes, F. and Ross, H. 2015. Community Resilience: Toward an Integrated Approach. *Society and Natural Resources* 26(1): 5-20.

Boyle, G. and Harper, P. 1972. Undercurrents: The Magazine for Radical Science and Alternative Technology. Undercurrents Lim., London, England. https://undercurrents1972.wordpress.com （最終閲覧二〇二〇年一〇月一九日）

Brand, S. 1968. Whole Earth Catalogue. USA.

Cato, M. S. 2012. *The Bioregional Economy: Land, Liberty and the Pursuit of Happiness*. London and New York: Routledge.

Chakroun, L. 2019. Cultivating Concrete Utopia: Understanding How Japan's Permaculture Experiments are Shaping a Political Vision of Sustainable Living. *Official Conference Proceedings of the Asian Conference on Sustainability, Energy and the Environment 2019*. pp. 223-235.

Clancy, K. and Ruhf, K. 2010. Is Local Enough? Some Arguments for Regional Food Systems. *Choices* 25(1): 1-5.

D'Alisa, G., Demaria, F. and Kallis, G. 2014. *Degrowth: A Vocabulary for a New Era*. London: Routledge.

Deriu, M. 2014. Conviviality. In D'Alisa, G., Demaria, F. and Kallis, G. (eds.), *Degrowth: A Vocabulary for a*

New Era. London: Routledge, pp. 79-82.

Edelman, M. 2014. Food Sovereignty: Forgotten Genealogies and Future Regulatory Challenges. *Journal of Peasant Studies* 41 (6): 959-978.

Erbe, K. 2020. Appropriate Technology. https://www.permaculturewomen.com/aprotech.html（最終閲覧二〇二〇年一〇月一九日）

European Commission 2012. *EU Approach to Resilience: Learning from Food Security Crises*. Brussels: European Commission.

Hardin, G. 1968. The Tragedy of the Commons. *Science* 162: 1243-1248.

Herrmann, D. L., Shuster, W. D., Mayer, A. L. and Garmestani, A. S. 2016. Sustainability for Shrinking Cities. *Sustainability* 2016, 8(9): 911.

Hollander, J. B., Pallagst, K., Schwarz, T. and Popper, F. 2009. Planning Shrinking Cities. *Progress in Planning* 72(4): 223-232.

Howard, P. 2020. How Corporations Control our Seeds. In S. Jayaraman and K. De Mater (eds.), *Bite Back: People Taking on Corporate Food and Winning*. Oakland: University of California Press, pp.15-29.

Joseph, J. and McGregor, J. A. 2020. *Wellbeing, Resilience and Sustainability*. New York: Springer International Publishing.

Illich, I. 1973. *Tools for Conviviality*. New York: Harper & Row.

IPSS 2013. *Regional Population Projections for Japan*: 2010-2040. http://www.ipss. go.jp/pp-shicyoson/e/shicyoson13/t-page.asp（最終閲覧二〇二〇年一一月二日）

Itagaki, Y. 1963. Criticism of Rostow's Stage Approach: The Concept of State, System and Type. *The*

Developing Economies 1(1): 1-17.

Klien, S. 2020. *Urban Migrants in Rural Japan: Between Agency and Anomie in a Post-growth Society*. New York: SUNY Press.

Kumarappa, J. C. 1945. *Economy of Permanence: A Quest for a Social Order Based on Non-violence*. Varanasi: Sarva Seva Sangh Prakashan.

Lang, T. 2009. Reshaping the Food System for Ecological Public Health. *Journal of Hunger & Environmental Nutrition* 4(3-4): 315-335.

McClintock, N. 2010. Why Farm the City? Theorizing Urban Agriculture through a Lens of Metabolic Rift. *Cambridge Journal of Regions Economy and Society* 3(2):191-207.

McMichael, P. 2014. Historicizing Food Sovereignty. *Journal of Peasant Studies* 41(6): 933-957.

Morgan, K. 2015. Nourishing the City: The Rise of the Urban Food Question in the Global North. *Urban Studies* 52(8): 1379-1394.

Nyéléni 2007. Declaration of Nyéléni. https://www.nyeleni.org/spip.php?article290（最終閲覧二〇二〇年一一月八日）

Oda, K., Rupprecht, C. D. D., Tsuchiya, K. and McGreevy, S. R. 2018. Urban Agriculture as a Sustainability Transition Strategy for Shrinking Cities? Land Use Change Trajectory as an Obstacle in Kyoto City, Japan. *Sustainability* 10(4).

Pachamama Alliance 2019. Appropriate Technology. https://www.pachamama.org/appropriate-technology（最終閲覧二〇二〇年一〇月一九日）

Pimbert, M.（ed.）2018. *Food Sovereignty, Agroecology and Biocultural Diversity: Constructing and Contesting*

Knowledge. Routledge.

Rostow, W. W. 1959. The Stages for Economic Growth. *The Economic History Review*. Second Series 12(1):1-16.

Schumacher, E. F. 1973. *Small Is Beautiful: A Study of Economics As If People Mattered*. Blond & Briggs, UK. http://www.ditext.com/schumacher/small/small.html（最終閲覧二〇二〇年一〇月一九日）

Stiglitz, J. E., Sen, A. and Fitoussi, J. P. 2009. *Report of the Commission on the Measurement of Economic Performance and Social Progress*（*CMEPSP*）. Paris: CMEPSP.

Vivero-Pol, J. L. 2017. Food as Commons or Commodity? Exploring the Links Between Normative Valuations and Agency in Food Transition. *Sustainability* 9(3): 442-464.

Vivero-Pol, J. L. et al.（eds.）2019. *Routledge Handbook of Food as a Commons*. New York: Routledge.

Waters, A. 2014. Convivial Tools in an Age of Surveillance. http://hackeducation.com/2014/11/13/convivial-tools-in-an-age-of-surveillance（最終閲覧二〇二〇年一〇月一九日）

Watson, J. 2019. *Lo-TEK: Design by Radical Indigenism*. Cologne: Taschen GmbH.

Welsh, J. and MacRae, R. 1998. Food Citizenship and Community Food Security: Lessons from Toronto, Canada. *Canadian Joumal of Development Studies* 19(4): 235-255.

Wezel, A., Bellon, S., Doré, T., Francis, C., Vallod, D. and David, C. 2009. Agroecology as a Science, a Movement and a Practice. A Review. *Agronomy for Sustainable Development* 29(4): 503-515.

Windfuhr, M. and Jonsén, J. 2005. *Food Sovereignty: Towards Democracy in Localized Food Systems*. Warwickshire: ITDG Publishing.

Wittman, H., Desmarais, A. A. and Wiebe, N. 2010. *Food Sovereignty: Reconnecting Food, Nature & Community*. Halifax Fernwood Publishing.

World Commission on Environment and Development 1987. *Our Common Future*. New York: Oxford University Press.

Yokohari, M. and Bolthouse, J. 2011. Planning for the Slow Lane: The Need to Restore Working Greenspaces in Maturing Contexts. *Landscape and Urban Planning* 100(4): 421-424.

第3章

草の根から描く食の未来

© AOI Landscape Design 吉田葵

1 「食と農の未来会議」への挑戦――京都府京都市

真貝理香

「京都は意外に、難しいなあ」――京都市におけるフードポリシー・カウンシル（FPC）は、「食と農の未来会議・京都」と命名され、月一回程度のミーティングを続けていた。その席上で、二〇一九年のある日、メンバーが口にした一言である。

京都には「京野菜」の伝統もあり、京都市郊外では野菜各種・米が生産され、無人販売所も点在する。都市から農地が比較的近い上、市内には産直運動など、長年実践に取り組んでいる市民団体や環境団体も複数ある。食材にこだわるレストランや、オーガニック野菜の販売者も多く、大学や学生が多いのも特徴だ。何より京都市は、二〇一五年には「都市食料政策ミラノ協定」にも署名しており、FPCを立ち上げ、地域の課題を洗い出し、政策提言・行政協議・交渉へと進めていくことが一番たやすい街ではと思えた。

よりよい京都の食の未来へ――ステークホルダーとのワークショップと組織づくりへ

スタートアップからFPC組織立ち上げに至る三年余りは、快調であったといえる。FEAST

プロジェクトは京都大学農学部・秋津元輝教授らとともに、二〇一六年七月に、海外のFPC事例に学び京都でのあり方を考える「フードポリシー・カウンシルの可能性」という公開勉強会を開催したことを皮切りに、ステークホルダーと参加型のワークショップを数多く開催した。バックキャスティングとビジョニングによる「二〇五〇年の京都のよりよい食を考える」セミナー（二〇一七年四月）やオランダのユトレヒト大学より訪問中の研究者とともに行った「フード・ポリシー・ゲーミング・ワークショップ」（二〇一七年五月）では、いわゆる「シリアス・ゲーム」と呼ばれる新たな試みも盛り込まれた。ゲーミング・ワークショップの参加者からは「FPCについて学べた」という声に加えて、ロール・プレイングゲームにより「自分とは異なる立場の役割についても視野を広げることができた」といった声も聞けた。また行政の担当者にもFPCの取り組みを紹介し、京都市の未来の食のあり方を考えてもらえるよう、同年九月には、京都市役所の食関連の担当部署の職員をお招きして、バックキャスティング型・ワークショップ型の勉強会を行った。

複数のワークショップで描かれた「よりよい京都の食の未来」のビジョンは、実に様々であった。オーガニックが当たり前になる、エディブル・スクールヤードやコミュニティキッチン、ファーマーズマーケットの拡大、ジビエ料理が身近になる、エネルギーの自給自足や、ゆったりしたライフスタイルを楽しみたいなどなど、様々な思いが付箋や模造紙に書き込まれた。多くの参加者が、地域の中で良質で小さな食料生産と販売の場があること、そしてそれをとりまくコミュニティのある未来社会を大切に考えていることが見て取れた。

こうした参加型イベントを開催することは、市民とともに北米のFPCの事例を学ぶと同時に、京都版のFPCのイメージと課題を固め、今後、会の主旨に賛同し中心となって活動するメンバーを募るという側面もあった。そして二〇一八年三月、京都市のFPCは、秋津教授により「食と農の未来会議・京都」と名づけられ（以下、FPC京都と記載）、キックオフミーティングを行い、今後、コアメンバーとなる人々（大学教員、研究者、オーガニック野菜流通業者、ライター、ウェブデザイナーなど）が、FEASTプロジェクトと連携しつつも別組織として活動を進めることとなった。

実践活動

市民をつなぐ具体的活動として、FEASTプロジェクトとFPC京都による共同で、京都府庁で定期的に開催されているマルシェに出店し、「こども食堂×オーガニック・みんなで創るよいごはん」というイベントを行った（二〇一八年六月）。これは京都のこども食堂と、オーガニック農産物の生産・流通、放牧豚肉・鶏肉生産に関わる方々などによるコラボレーション企画であり、弁当販売に加えて、セミナー・座談会が行われた。座談会では「子ども食堂とオーガニック野菜生産者とのマッチングが広まれば、子ども食堂へ食材提供をすることで食の質が向上する、形がいびつな野菜であっても利用可能であり食材廃棄も減らせる、子どもたちも収穫体験ができる」など話題や夢が広がった。

学校給食食材のオーガニック化や地産化は、公共調達を通じた安定的な需要の創出となり、地域農業の振興や有機農業への転換を促すことにもつながると期待できる。そこで、市民団体との共催で「社会にとって給食ってなんだろう」セミナーを開催した（二〇一八年一一月）。招聘講師より、韓国ソウル市における無償・オーガニック野菜導入の給食を巡る背景について話があり、ワークショップでは、参加者が「子ども」「保護者」「学校」「議員」の四つの立場のロールプレイを行い、それぞれの視点から理想の給食について考えた。

こうした実践を経てＦＰＣ京都は、「海外のフードポリシー・カウンシルに学びながら、京都市のあらゆる（食に関する）地域課題の解決のための政策提言を目指す協議体」「様々な分野から集まるメンバーで構成され、自らの所属団体の利益を追求することなく、広い視野と知識をもつ一市民として、よりよい未来のための議論を行う」と、会の趣旨を明文化し、リーフレットを作成した（二〇一九年三月）。また今後の会の運営にあたっては、様々な既存団体や、農家・流通・販売を担う人々との協業が想定され、ステークホルダーの人々をリストアップする作業も行った（二〇一九年六月）。京都には、持続可能な食に関わろうとする実に多くの人々や団体があり、極めてポテンシャルが高い街であることを再認識した。

京都市が抱える問題――都市農業と次世代の食

しかしここでジレンマも浮上した。すなわち人口一四七・五万人を擁する京都市における食に関する課題は図８のように分散しており、発足まもないＦＰＣ京都が、それらの問題のすべてに関わ

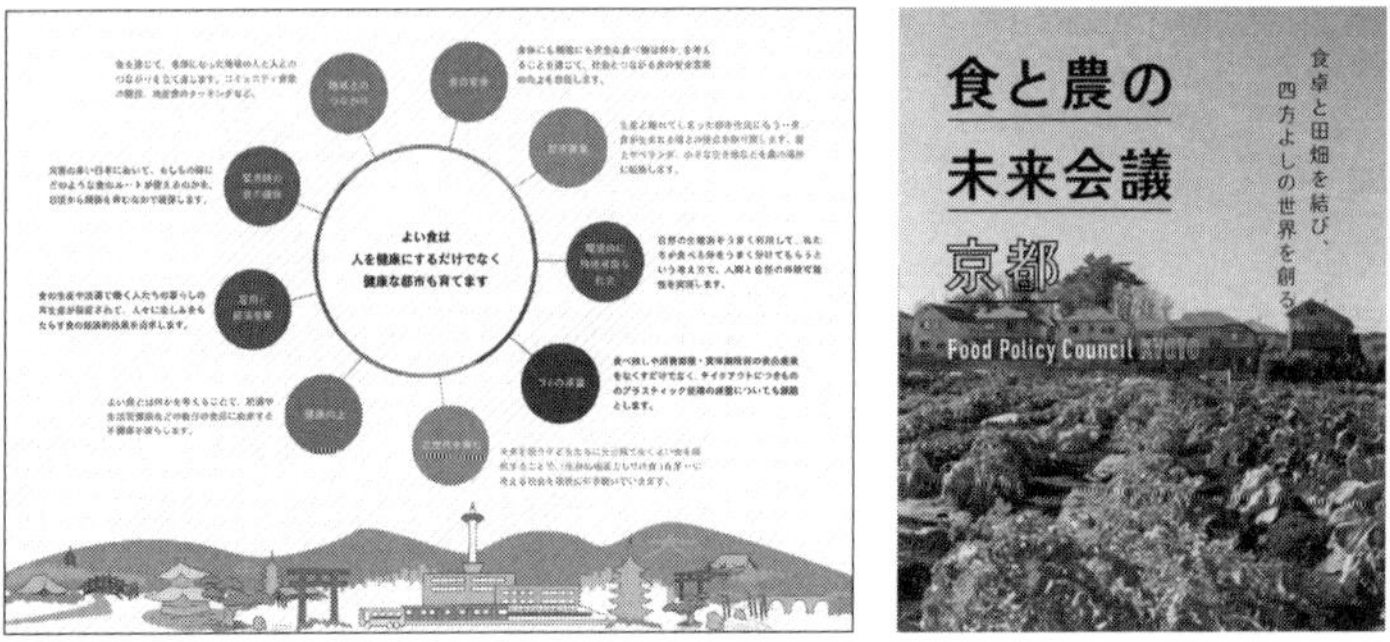

図8　「食と農の未来会議・京都」リーフレット

ることは現実的には不可能なのである。海外のＦＰＣの成功事例には、いくつかのパターンがあるが、共通するのは、ビジョンに加え解決すべき課題の優先順位をつけ、ボトムアップで声を上げつつ、社会の中で「その問題」を解決できる核となる人（enabler）を見つけ、行政とも連携の上、実践に移すことだ。

そこでＦＰＣ京都でも改めて議論を深め、未来のビジョンや課題をスクリーニングしたところ、①身近な場所で食料生産がされる社会、すなわち都市農業の重要性、②できるだけ生産はオーガニックであること、またスーパーなど身近な場所で消費者が購入しやすい環境が整うこと（オーガニックが身近にある社会）、③子どもたちが健康で豊かな食を得られること（次世代を育む）、特に学校給食の多面的機能に着目し、②とも連携の上、地元・周辺地域のオーガニック野菜や米が、子どもたちにも提供できる社会が目標となった。

実際、京都市が直面している喫緊の大きな課題として、衛星画像を元にした分析により、二〇〇七～二〇一七年の過去一〇年間で、京都盆地の農地の一〇％が消失している問題があった

（Oda et al. 2018）。インバウンドや観光需要を受け、ホテルや駐車場が増えているのは、生活者の目から見ても明らかだった。また担い手という面では、新規就農者向けにオーガニック農業を支援する仕組みは少なく、オーガニックの農業実習が可能な団体や個人も少ない。

京都市が提供する給食は一日約六万六千食で、もともと市内産ですべての食材をまかなうことはできない。小学校給食自体は児童・保護者ともに満足度が高く（ＦＥＡＳＴプロジェクトによる、二〇一九年度地球研オープンハウス来場小学生・保護者へのアンケートより）、米飯は、京北地域の三小学校で京北米を提供、それ以外でも府内産米が使われるなど、評価される取り組みも多い。しかしオーガニック野菜を導入するとなると、量的な安定確保や形の不揃い、料金などの大きな壁がある。「食」を担う行政管轄は、複数の部署で横断しており、特に農林振興と都市計画の部署双方で「ビジョンを共有」した上で、制度設計を行う必要がある。また、給食は教育委員会の管轄である。つまり京都市では、食と農と「都市」計画は不可分な関係にあり、ボトムアップで市民の声を上げることに加えて、行政側の意識・組織改革が不可欠という特徴があり、そこが冒頭の「難しい」につながっていくわけだ。

どこから切り込むか――Enabler は誰か

ビジョンから具体策に、どのように橋をかけるべきなのか。京都市の現状はどうなっているのか。ＦＰＣ京都では、①都市農地の消失に関して、衛星画像分析を行った研究者による勉強会（二〇一九年七月）、元・京都府農業会議事務局長による勉強会（二〇二〇年七月）を行った。その結果、都市の農地を農業の振興や担い手確保の施策だけで守ることは難しく、行政の都市農業ビジョンと制度設計が必要であることがわかった。そして、市民側も農地の重要性を理解し、「都市農地が、農家を含めたコモンズ的な地域の財産」であるという認識をもつことが必要ということであった。具体策としては、都市農地を市民に開いてコミュニティ農園を増加させたり、小さな農業に携わりたい市民と農家とのマッチング制度を充実させることも効果的であると考えられた。FPC京都ではFEASTプロジェクトと協業の上、これらをまとめて、今後政策提言を作っていく。

また②給食のオーガニック野菜・地場野菜の導入に関しては、奈良県の実践団体へのインタビューの実例から、食材のすべてではなくとも、千葉県いすみ市の例のように、米飯からでも提携農家とオーガニックにしていくことや、モデル校などによる「一部から」でも始めていくことを提言したい。また、現在FPC京都が探っているのは、幼稚園・保育園（市立・私立共）の給食へのオーガニック野菜導入である。京都市には私立の幼稚園・保育園が多く、その園独自の給食への取り組みが可能である。オーガニック野菜は常に量の確保が問題となるが、幼稚園・保育園であれば比較的小ロットであり、流通・販売に地元のスーパーや八百屋などを介在させて、もしオーガニック食材が足りない場合には慣行の野菜で補ってもらい量的な安定供給を担保することもできる。そのスーパーや八百屋などでもオーガニックの野菜を恒常的に仕入れて販売してもらうという仕組みを考えヒアリングを行っている。また近々、市内の幼稚園・保育園への悉皆的なアンケート調査を行う予定であり、この結果をもとに具体策を進めていきたい。

　このように「食と農の未来会議・京都」の取り組みは、まだ試行錯誤の段階である。最初の三年間のワークショップで、多くの市民が描いてくれたビジョンを忘れることなく、また京都というせっかくの地域のポテンシャルを活かして、今後につなげていきたい。この一〇年間で、韓国ソウルや他のアジア諸都市においては、オーガニックや都市農業推進の動きが急速に加速し、日本は完全に遅れをとった感がある。京都市においては「食と農の未来会議・京都」が、推進への「てこ」になることを目指したい。

2　地域の食の未来を描く——長野県小布施町

スティーブン・R・マックグリービー（小林優子訳）

　ＦＥＡＳＴプロジェクトでは、二〇一七年から長野県にてフードポリシーをテーマにアクションリサーチを実施してきた。当時の長野には、すでに「地域のフードシステムをより持続可能なものに転換させよう」という前向きなエネルギーがあった。

　長野では、有機農業や都市農業の推進、子ども食堂の支援、種苗法改正における知的財産保護、学校給食の改善などの政策課題に取り組む市民・農家主導の団体が数多く活動しており、中でも、松代を拠点に活動する「ＮＡＧＡＮＯ農と食の会」は、多くの団体や関係者が情報を共有し、どのように活動を組織化して実行するかを話し合い、目標達成に向けた支援やアドバイスを受けるためのハブとしての役割を果たしていた。「ＮＡＧＡＮＯ農と食の会」のリーダーらとの協議の結果、長野市内にて革新的なフードポリシーを新たに策定するには限界があることが明らかとなった。その一方で、小布施町では町長の支援を受けて団体の設立が進んでおり、協働での活動が可能ではないか、ということがわかった。こうして生まれたのが「ＯＢＵＳＥ食と農の未来会議」である。どのような政策課題をテーマに協働すべきか議論した結果、学校給食に焦点を当てることとなった。

学校給食プログラムは、子どもたちに健康的な食生活や食文化を教え、体験させるものとして重要であるが、加えて、公的な存在でもある。学校給食は地方自治体の職員や教育委員会が管理し、私たち市民の税金によって運営されている。つまり、市民は給食プログラムがどのように運営されるべきか、選択肢を提案し、意見を述べる権利を有している。また、学校給食は、地域の食料生産、地域づくり、環境の持続可能性、地域の食文化の保存、廃棄物の循環といった様々な課題に包括的に取り組むプラットフォームになりうる。すでに、日本各地にて成功例が見られる。

二〇一九年初旬、「ＯＢＵＳＥ食と農の未来会議」は、「三〇年後の未来の学校給食」をテーマにビジョニング・ワークショップを開催した。ＦＥＡＳＴプロジェクトは企画・進行役を務めた。小布施町と北信地域の地方自治体職員、教員、給食関係者、農家、保護者、小中高生など五〇人以上が集まり、二〇五〇年という未来における理想的な学校給食を想い描いた。まず最初に、日本の学校給食の歴史的動向や、長野県や小布施町とその周辺都市の学校給食事情の具体的なデータを紹介するレクチャーを行った。それを踏まえ、グループに分かれて、未来の学校給食のあり方を、次の複数の要素を考慮しながら描いてもらった。

どんな献立か。誰が食材を提供するのか。誰が調理するのか。地元の生産者はどのように関与しているのか。地域住民は関わっているのか、関わっているならどういう形でか。学校給食は、生徒の食育や食文化の構築にどのように貢献しているのか。環境はどのように配慮されているのか。費用はいくらで、その理由は何か。どこで、誰と一緒に食べているのか。

参加者たちには、不可能はなしという前提で、自分のアイデアが現実にどのような障壁や問題に直面するかを考えてもらいつつ、創造力を失わないよう働きかけた。ビジョンには、現状に挑戦し、インスピレーションを与えるような理想的なものであると同時に、グループ内のつながりやコンセンサスの感覚をもたらすことも求められた。本ワークショップにはグラフィックレコーダーに参加してもらい、参加者全員のアイデアを模造紙に描き出してもらった。多くの参加者にとってビジョニングは初めての経験であったが、全員が楽しい時間を共有していた。

ワークショップ終了後には、作成された資料をすべて分析し、『「三〇年後のあるべき学校給食」ビジョン提案書』がまとめられた。この提案書には、基本方針、食と給食を通じた学校教育の再定義、給食の献立、イノベーション（革新）の四項目が記されている。

市民が願望と想像力を自由に表現する機会を得ると、どれほどクリエイティブで思慮に富んだアイデアを描くことができるかには、実に驚かされる。提案書では、学校給食に地元産の食材を優先的に使用すること、生徒と環境にとって安心安全であること、地域住民が意思決定プロセスに参加すること、そのプロセスの透明性が向上されることを求めている。また、学校給食を教育カリキュラムにクリエイティブに組み込む方法や革新的なアイデアも提示している。食堂を一般にも開かれた場とし、地域住民が誰でも共に食事を取れるようにしたり、食堂をコミュニティキッチンとして活用し、一般の人たちと共有するなどといったものである。この提案書では、持続可能で地域に根付いた学校給食を生徒に提供したいという思いを軸にして、小布施町のまったく新しいフードシステムとライフスタイルを構想しているのである。

ビジョニングの次となるステップは、バックキャスティングと呼ばれるエクササイズを通して、理想の給食のある未来と現在を結び付ける計画の立案である。バックキャスティングとは、未来から現在に遡って計画を進めていくというものであり、私たちに馴染みのある現在から未来への計画立案とは真逆である。

しかし、バックキャスティングのワークショップの開催直前に、台風一九号による豪雨で千曲川が氾濫し、小布施町の大部分が浸水するという不運に見舞われた。この洪水により農業セクターが大きな被害を受けたことから、町の計画立案における災害に強いまちづくりの必要性が浮き彫りとなった。

小布施町の復興が十分に進んだ頃、一回目のワークショップ参加者の一部に集まってもらい、ワー

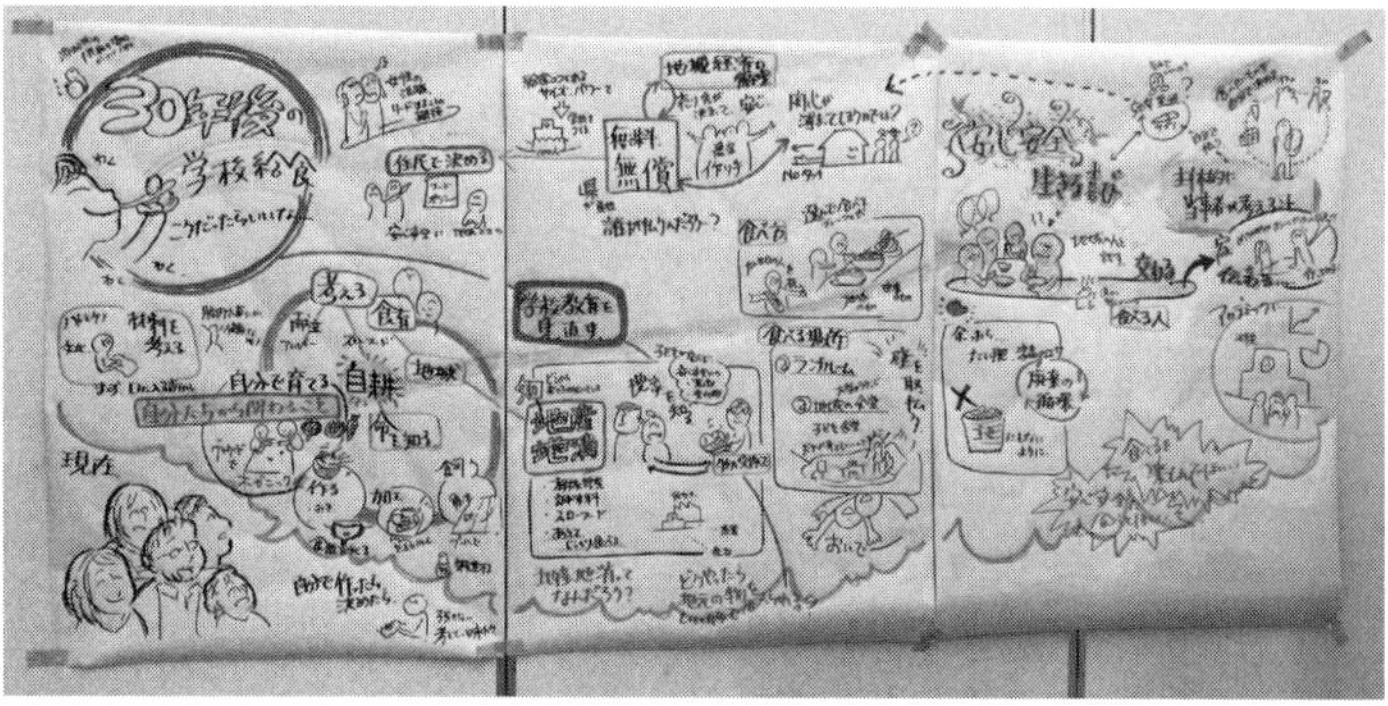

写真3　2019年3月24日開催「30年後の未来の学校給食ワークショップ」でのグラフィックレコーディング

写真4　同ワークショップの様子

クショップで描いた理想のビジョンを実現するための計画と具体的な道筋を策定した。バックキャスティング・ワークショップでは、まず二〇五〇年に『二〇三〇年後のあるべき学校給食』ビジョン提案書』の提案項目がすべて実現されていると仮定した物語を代表者に朗読してもらった（BOX参照）。この読み聞かせによって、参加者たちは自分たちが描いた理想の未来に引き込まれ、小布施町のくらしがどのように変化したのかを具体的に思い描くことができた。

次に、各グループは二〇五〇年から一〇年ずつ遡り、行動計画を三セット立案した。例えば、二〇五〇年から二〇四〇年までの計画では、理想の給食のビジョンに直結するような小布施町の状況を思い描いた。ビジョン実現に向け、この一〇年間にどのような新しい政策が制定されていたのか。どのような教育や市民プロジェクトが実施され、どのような役割を果たしていたのか。また、どのようなビジネス、技術、あるいは研究による知見が、ビジョン実現に必要だったのか。こういった質問への回答を探しつつ、プランニングを行った。

そして、このプロセスを、二〇四〇年から二〇三〇年、二〇三〇年から二〇二〇年の時間軸でも繰り返し、政策、教育、市民プロジェクト、ビジネス、研究のイノベーションを時系列で結び付け、三〇年後の学校給食ビジョンを実現するために今からできるステップと行動の道筋を明確に示した。最後に、各グループは現在から直近の一〇年に焦点を当て、明日、今月、今年と、自分たちが作成した道筋の最初の一歩を踏み出すための具体的な行動計画やプロジェクトを作成した。

第二回ワークショップの直後、また活動を遅延させる事態が発生した。新型コロナウイルス感染

図9　小布施町にて「30年後のあるべき学校給食」ビジョンが実現された場合をイラスト化したもの

注）イラスト：和出伸一氏、テキスト：吉田百助氏。

症の拡大である。計画していた活動の多くは保留せざるをえなかったが、住民の学校給食や地域のフードシステムを変えたいというエネルギーと思いは依然として強い。ビジョニングとバックキャスティングのワークショップで得られたアイデアや見識は、第六次小布施町総合計画にパブリックコメントの段階で取り入れられたほか、今後数ヵ月間にさらに多くの活動が計画されている。

こうして「OBUSE食と農の未来会議」は、理想の持続可能な学校給食を軸に、地域のフードシステムを転換する住民主導の運動を開始した。今後の展開に期待したい。

BOX 未来のビジョンの物語――二〇五〇年の小布施町

スティーブン・R・マックグリービー（小林優子訳）

ここは二〇五〇年の小布施町。日本では全国的に人口減少が進み、小布施町も例外ではありません。二〇二〇年と比べて、人口は二五％も減っています。古い家屋や建物は取り壊され、公園や緑地が増えています。町中にコミュニティガーデンが見られ、ご近所をつなぐ歩道が新しく建設されています。観光客も多く訪れるようになり、庭園を散歩したり、古民家カフェでコーヒーを飲んだりしています。人口が減少しているとは言いましたが、学校給食プログラムのおかげで、小布施町は若い世代や家族にとって住みやすい町となり、若い世代の人口は増えています。

小布施町の人々のくらしは、以前よりゆっくりしています。趣味を楽しむ時間も増え、工芸、ものづくり、芸術が再び注目を集めるようになりました。交通手段を見てみましょう。自転車や電気自動車を利用する人が多く、自動車やバイクの交通騒音は減り、静かです。ビルにはソーラーパネルが設置され、小さな風車（風力タービン）がそよ風を取り込んでいます。ソーラーパネル、風車といっても、景観の妨げにならないようなデザインです。冬になると、薪ストーブを使う家庭も多く見られます。

では、町を離れ、近くの農地に移動してみましょう。農作物や果物が栽培され、耕作放棄地はほとんど見当たりません。三〇年前と比べ、栽培されている農作物の種類は多様化しています。お米以外にも、小麦、ジャガイモ、その他の穀物が栽培され、菜園やビニールハウスも至る所に見られます。

酪農や畜産も盛んに行われており、国産の飼料が使われています。有機栽培やアグロエコロジカルな農業が当たり前となり、専業農家だけでなく、多くの人々が食べものの生産に積極的に関わっています。畑のへりには、ポリネーター（花粉媒介者）となる益虫や害虫を引き寄せる植物が植えられ、虫たちの住処となっています。若い農家たちの協同組合が組織され、組合員は農機具を共同で所有し、地域のボランティアの取りまとめを行っています。小布施町ではボランティア・ネットワークがしっかりと形成されており、農業に関することを学んだり、他の住民の方たちと情報や知識を共有したりしています。毎年、東京や大阪といった都市部からたくさんの新規就農者がやってきて、この協同組合での実地体験を通じて農業について学んでいます。ボランティアたちは、ボランティア活動を行う代わりに新鮮な野菜をもらいます。そして、その野菜を抱えてコミュニティキッチンへ向かい、みんなでわいわい料理をしては宴会を開きます。

もちろん楽しいことばかりではありません。食品廃棄物の問題があります。しかし、小布施町では、行政、協同組合、ボランティアが協力して、食品廃棄物を回収し、町内の堆肥化施設へと運び込みます。そして、堆肥となった食品廃棄物は、再び農園や果樹園へと戻っていくのです。こうして、地域内での養分循環が完結しているのです。

毎朝、農場や果樹園から農作物が集められ、地域の流通センターへと運ばれます。このセンターは、ファーマーズマーケット、お肉屋、コミュニティキッチンといった顔も持っており、賑やかです。中でも、ひときわ賑やかなのが、学校給食の食材が集まるエリア。地元農家の協同組合と季節ごとに契約を結び、食材を提供してもらいます。農家にとっては、給食食材の契約は勲章のようなもので、小布施町の子どもたちに最高品質の食材を届けることを誇りにしています。朝のラッシュには、農家以外にも、猟師の姿も見られます。鹿肉やイノシシ肉は地元ではごちそうとされ、多くの子どものお気に入りです。もちろんトロピカルフルーツや外国産のものなど、地元で採れない食材もあります。そういった食材については、小布施町はアジアなどの町と直接貿易を行っています。こうして海外から輸入されるすべてのものは、フェアトレードです。

食材を積み込んだトラックは流通センターを出発し、町内でもひときわ目立つ建物へと向かいます。壁は緑の植物に覆われており、その植物は近隣へもあふれるように広がっています。この建物は小学校。とっても賑やかです。校庭の大半は農場になっていて、庭園、果樹、鶏やヤギの小屋、きのこの森、さらには魚の養殖と水耕栽培を一緒に行うための（アクアポニックスの）水槽もあります。今日は一年生がヤギのミルクを搾り、鶏の卵を集める日です。一年生は待ちきれないといった様子。必要なときは四年生が手助けするので、ミルクをこぼしたり、卵を割ってしまったりといったことはありません。五年生は卵をいくつか選んで重さを量っています。一年前の今頃より、ちょっと重いようですね。きっと、生徒が開発した新しい配合飼料のおかげでしょう。別の場所では、三年生がまさに窯を開けようとしているところ。窯には、生徒たちが二週間前につくったお皿、お茶碗にコップといった陶器が入っています。次の学年にあがるまで、この食器を使って給食を食べます。二年生は、鶏、ヤギ、魚に餌をあげています。どの鶏がお気に入りかと話し、そのお気に入りを捕まえる競争をしては、よしよしと撫でています。六年生は給食着を着て、トラックの到着を待ち構えています。トラックが到着したら、テキパキと食材を調理場に運び、給食の調理師のみなさんと一緒に料理に取りかかります。

こうした生徒たちの取り組みは、小布施町が三〇年以上前に始めた学校給食・エディブルスクールヤード（食育菜園）を軸とした「自耕」カリキュラムの一環です。当時は、あまりに変化が大きすぎるのではと、地元の教育委員会は実施不可能だと考えていました。

「自耕プログラム」の生徒たちにとって、給食を自分たちで準備して食べることは、学校で過ごす一日のハイライトです。食べものを育て、家畜の世話をし、料理し、食べること。こうした食に関する一つ一つのことが非常に大切にされるようになっています。先生たちは、授業に学校農場の運営を組み込んでいます。普通なら算数の授業で面積や図形について学ぶでしょう。小布施町の小学生たちは、菜園を最大限に利用するためのプロジェクトを通じて、学んでいきます。理科の授業はどうでしょう。教室に閉じこもって理科の授業を受けるより、学校農場で「ほんもの」の植物や虫に触れながら勉強できるほうがずっとよいと思いませんか。社会の授業では、農場の一部を使って縄文時代の食と住居について勉強します。また、地域の食料経済に目を向け、自分たちのごはんがどこからやってきたのか解明していきます。こうした科目以外でも、「自耕プログラム」を通じて生徒たちは、ごはんを食べるためにいのちをいただくことの責任についても、毎日学んでいるのです。

給食の時間は今よりも長く、小布施町の住民なら誰でも希望すれば一緒に給食を食べることができます。町長や町議もたいていは、生徒と一緒に給食を食べています。他にも病院や公共の食堂といった補助金で運営されている施設でも昼食をとっています。給食は、食堂で食べてもよし、外でも、どこでも好きなところで食べてよいのです。食材は、できる限り地元産やその地方で採れたものを使うようにしています。食物アレルギー対応、ベジタリアン対応、また生徒の腸内細菌を整えるための特別措置も取られています。様々な食文化が紹介され、海外の食事も取り入れられています。飲みものも、お茶と牛乳・ヤギ乳で、冷たいものと熱いものから選べます。そして自分で作った食器を使います。食品廃棄物はすべて回収、リサイクルされます。給食のレシピはオンラインで公開されていて、生徒には家で家族のために作るという宿題もあります。

さて、放課後になりました。一〇代の子どもたちと年配の方が学校の調理場に集まってきました。料理教室が始まろうとしています。食堂は一般に開かれており、誰でも利用可能です。学校の食堂、調理場、農場は、小布施町民をつなぐ「フードハブ」なのです。学校ではお祭りや、他にも多くのイベントが開催されています。また、月に一度、地域の住民が集まって「自耕プログラム」の住民会議も行います。

町議、生徒の親、農家、住民、先生、生徒の代表などが集まって、給食について協議、評価し、常に改善できるよう取り組んでいます。会議の議事録はすべて一般公開されており、オンラインで閲覧可能です。

給食は税金でまかなわれているため、住民のどなたでも給食に関するリクエストや会議の論点を提出することができます。もちろん、給食の予算は重要な論点です。小布施町のすべての学校の給食が無償化されてもう何年も経っていますが、その決議が行われたのもこの住民会議です。小布施町の給食や教育の予算は毎年増額しています。多くの家族が、子どもの教育のために新しく小布施町に移住しています。小布施町の教育プログラムは、東京や大阪といった都市部にはないものです。小布施町で教育を受けた若者は、ここに残り、食や農、観光や持続可能な教育に関するビジネスを新しく立ち上げて、小布施町でくらし続けています。

学校給食への取り組みが三〇年でこんなにも小布施町を変えるとは誰が考えたでしょうか。こんなにもたくさんのポジティブな変化と、こんなにもたくさんの笑顔をもたらすとは、誰も想像していなかったでしょう。

3 「有機」から始まる食のまちづくり――京都府亀岡市

岩橋　涼

京都府亀岡市における「食と農の未来会議」の組織化を目指す取り組みは、ＦＥＡＳＴプロジェクトと地域の人々による様々な活動を経て、有機農業を軸とする組織づくりへと進んでいる。本節では、その経過と筆者が深く関わってきた二〇一八年度以降の活動を中心に紹介する。

調査、ワークショップ、セミナー

亀岡市は京都市の西隣、大阪府にも隣接する位置にあり、二〇二〇年一一月一日現在の人口は八万七八九四人である。二〇一五年の農林業センサスによると販売農家戸数は一八〇七戸で、その多くは水稲栽培を中心とした兼業農家であるが、市内では京野菜の生産も行われている。

プロジェクトは、まず二〇一六年度に市内の子育てNPOの協力のもと食生活に関するアンケート調査、食事写真調査、食生活座談会を実施した。地域の実情を把握するとともに、行政との関係構築や地域のネットワーク形成の下地づくりというねらいがあった。調査結果については、亀岡市役所で報告会が行われ、子育てNPOの情報誌を通じて市民にも共有された（調査結果については、中村ほか（二〇一七）を参照のこと）。

二〇一七年度は、「地域の食と農の未来を考える」ための住民関係者を対象とした三回シリーズのワークショップを開催した（二〇一七年九月〜一一月）。亀岡市と総合地球環境学研究所は二〇一六年に交流協定を締結しており、ワークショップのメンバー選定には行政の協力も得て、農業、食品製造、飲食業、子育て、福祉、栄養、行政等の分野から一六名のメンバーが集められた。このワークショップは、第一回「三〇年後の理想の食卓を考えよう」、第二回「未来を考えるってどういうこと？」、第三回「亀岡の食と農の未来計画を構想しよう」というテーマで実施された。

第一回では、各自が「亀岡の未来の理想の食卓」を描いて発表し、第二回では、「未来を考えるってどういうこと」をテーマとする講義ののち、参加者はグループごとに「未来の理想の食卓」を描

写真5　ワークショップの様子（2017年度）

いた。第三回では、第二回で描いたテーマをもとに、望ましい将来像からそこに至る方策を考えていくバックキャスティング手法を用いてグループでの話し合いが行われ、地域の人々のつながりを重視した「つながり食堂」やAI技術を用いた「サステナブル給食」というテーマでの未来計画が構想された。

二〇一八年二月には、ワークショップの参加メンバーに呼びかけて「食と農の未来会議 in 亀岡」を開催し、「食と農の未来会議」の紹介とワークショップの成果報告を行った。この会には、参加メンバーを通じて亀岡市長も参加した。ただし、実際に活動主体となる組織が設立されたわけではなく、この時点では次に向けて動き出すという段階には至らなかった。

そこで二〇一八年度は、食と農と地域の未来を考え、活動していくための組織づくりを視野に、改めて亀岡の人々が共有できる目標を探ることになった。まずはセミナーを開催することになり、七月の第一回では農福連携、一一月の第二回では有機農業をテーマとして設定した。第二回の「亀岡を有機農業の町にする！」セミナーでは、兵庫県丹波市（旧市島町）の有機農家による講演と、参加者同士の意見交換・情報交換という内容で企画したところ、関係者に積極的な宣伝をお願いしたこともあって、申し込み受付の段階から予想以上の反響があった。当日は、農家、流通、飲食業、行政関係者など亀岡だけでなく周辺地域からも多くの人が集まった。セミナー前半は講演、後半は参加者に自己紹介と亀岡を有機農業の町にするために必要なこと・アイデアを書き出して発表してもらった。多くの参加者が、生産・販売等、様々なネットワークの形成をあげており、地域で有機農業を広げること、地域の有機農家とつながることに対する関心が高いことがわかった。このセミナーは「有機農業のまちにする」ことが一つの目標として共有されるきっかけとなった。

セミナー後まもなくして、新たな出会いがあった。亀岡市では、二〇一八年より京都芸術大学関係者が中心となって、「かめおか霧の芸術祭」の活動が行われており（実行委員会事務局は亀岡市役所文化国際課内）、アートとともに農は一つのテーマに位置づけられていた。セミナー参加者であり、有機野菜等の販売を行う共通の知り合いを通じて話し合いの場が設けられ、「かめおか霧の芸術祭」関係者の運営するカフェ（KIRI CAFE）を拠点に、「亀岡を有機農業の町にする」をテーマに会合を開催することが決まった。

「かめおか農マルシェ」の開催

「オーガニック会議」として企画された第一回の会合は、「かめおか霧の芸術祭」関係者、FEASTメンバー、セミナー参加者やその知人の亀岡の農家、亀岡市役所農林振興課の担当者が集まって二〇一九年一月に開催された。それぞれの関心や活動経験から意見が出される中で、再び集まった三月には秋にマルシェ開催をめざすという目標が固まった。それから一一月の開催に向けてほぼ毎月「オーガニック会議」が開催されるようになった。始めのうちは参加者の入れ替わりもありながら、マルシェ開催に向けて主要メンバーは「亀岡を有機農業のまちにする」実行委員会（以下、実行委員会）として準備を進めていった。

そして一一月三日、KIRI CAFEとその周辺を会場として「亀岡を有機農業のまちにする」実行委員会主催（後援・協力：亀岡市、「かめおか霧の芸術祭」実行委員会、京都オーガニックアクション（KOA）、総合地球環境学研究所、京都大学大学院農学研究科秋津研究室）による「かめおか農マルシェ」が開催された。このマルシェには、無農薬・無化学肥料栽培の農産物の販売だけでなく、亀岡市内の料理人による野菜ビュッフェ、畑ツアーや農家トークなどの企画があり、亀岡および亀岡近郊から「農」との関わりを持った食品・雑貨販売などの出店者が集まった。FEASTプロジェクトも、未来の給食をテーマとした展示や「給食に有機野菜を」というテーマでの話題提供・ディスカッションの企画を担当した。

実行委員会メンバーにはマルシェの運営や出店経験者がいたものの、客としてマルシェに行った

写真6　「かめおか農マルシェ」の出店者による野菜販売コーナー

ことしかない筆者には、いったいどのくらいの人が来てくれるか、予想がつかず不安もあった。しかし、始まってみると、亀岡市内や周辺地域から多くの人が訪れ、盛況となった。初開催の「かめおか農マルシェ」は、実行委員会メンバーの知識や経験、ネットワークが大いに活かされ、皆の協力によって実現したものだといえる。

状況に応じた組織づくり

二〇一六年度の調査、二〇一七年度のワークショップ、さらには二〇一八年度の「亀岡を有機農業の町にする!」セミナー開催といった経過を振返ってみても、実行委員会を組織して「かめおか農マルシェ」といった地域でのイベントを開催することが、一つの道筋として想定されてきたわけではない。しかし、全体を通して見ると、プロジェクトの様々な活動の中で有機農業というテーマが共有され、マルシェ開催とそのための組織づくりという段階に至ったと考えることができるだろう。また、行政との関係については、後述する最近の動きにも関わるが、亀岡市長が有機農業推進に積極的であることが活動の追い風となっている。

「かめおか農マルシェ」の開催後、主催者となった実行委員会は、二〇一九年一二月にマルシェの振り返りで集まったほか、二〇二〇年二月に特別講演会・情報交換会として有機農産物の流通をテーマに「亀岡を有機農業のまちにする vol.2」を開催した。その後、組織としての活動は行ってこなかったものの、給食への有機食材の導入については、実行委員会の関係者が市内のこども園への導入について市役所と協議している。また、「かめおか霧の芸術祭」の取り組みでは地域農業と関連させたイベントが開催されている。さらに、実行委員会メンバーの農家らが、亀岡駅北にある元スタジアム建設予定地（スタジアムは、絶滅危惧種「アユモドキ」の生息地への影響を考慮して、駅に隣接する別の場所に建設された）で、市が所有する土地の一部を「オーガニック田んぼ」として利用することを検討している。その実現に向けて、「亀岡を有機農業のまちにする」を軸としながら、継続的な活動主体となるための組織づくりが進みつつある。

このように亀岡では、「食と農の未来会議」という組織づくりは途中段階にある。組織に関わる活動は「亀岡を有機農業のまちにする」をテーマに進んできたが、現状では地域の消費者との接点が少ない。この点は課題であるが、こうした動きを前進させ、今後は有機農業というテーマに留まらず、地域の食と農を考え、新たな行動を起こすことにつなげていきたい。

4　次の世代にバトンをつなぐ――秋田県能代市

太田和彦

社会のあり方や私たちの考え方は絶えることなく変化し続けている。しかし、それが私たちの目に、明らかな変化としてわかるような形で現れるには――例えば、新しく法制度が作られたり、街の風景が気づけば様変わりしていたり、突飛に思えたアイデアや技術がごく当たり前の常識として広く受け入れられたりといった形で現れるには――二〇年、三〇年という長い時間がかかる。ビジョンに向かって進み、またビジョンを更新していく取り組みは、世代を越えて続けられることで結実するといえるだろう。

秋田県立能代松陽高校で、二〇一七年に実施された「トランジション・ゼミ」は、持続可能な社会への移行・転換（transition）を継続させる基盤を作るときの一つの参考事例となるだろう。トランジション・ゼミは、全八回、能代松陽高校の一年生から三年生までの有志の生徒三七人（一年生一四人、二年生一三人、三年生一〇人。男子一二人、女子二五人）と、柳谷麻理子教諭、向能代地域センターの佐々木松夫所長、秋田県立大学の谷口吉光教授らと共同で行われた。

ゼミでは、参加者自身が描く「三〇年後の理想の姿と、三〇年後のある日の食卓」と、現在の社会や食卓とのギャップに着目し、生産地や小売店、直売所へのフィールドワークを行った。さらに、

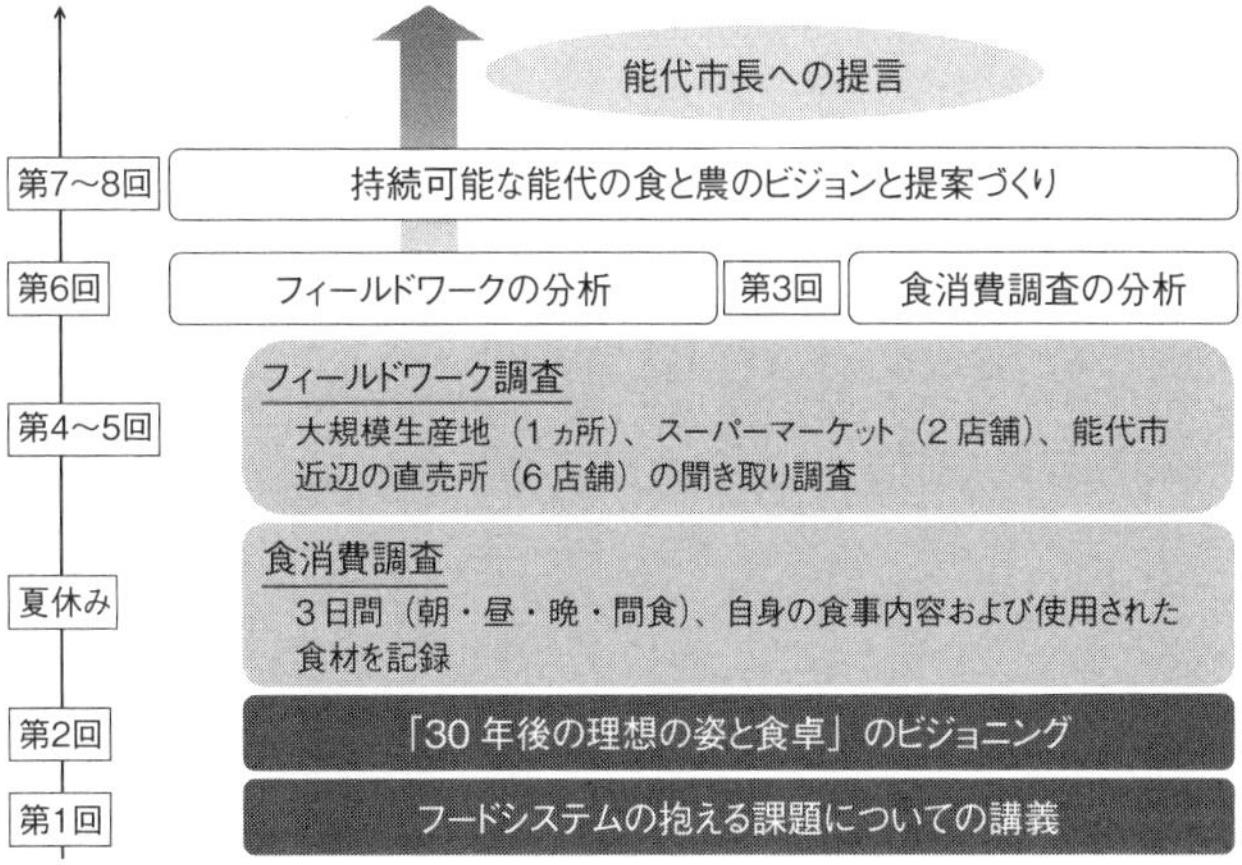

図10　能代松陽高校でのトランジション・ゼミの流れ

注）2017年度、全8回、平均参加者25人。

それらの調査結果と検討をふまえて、望ましい未来の食卓を実現するためにいま取り組むべき諸課題をリストアップし、それをまとめて能代市長に提案するという流れで行われた（図10）。

なぜ、世代を越えた取り組みの基礎を作るにあたって、フィールドに出て調査することが必要なのか。理由は大きく二つあげられる。一つは、いわゆるローカル・フードシステムの地域差が大きいためだ。ある地域で、どのような食料がどれくらい生産され、消費されているのか。生産地と消費地は、どれくらい地理的に離れているのか。どのように加工され、どのような販路でどのように売られるのか。どのような地域の条例や慣行があるのか。地域の食に関わる人たち（例えば、マルシェや地場産物のレストラン）はどのような動機でそれを始めたのか。どのような行政（国・県・市町村）から、何に、どのような形の支援（公共事業、公的資金）がなされているのか。……これらの要因と制約条件の複雑な組み合わせに応じた、地域のローカル・フードシステムのあり方や変化の仕方は、一つとして同じものはない。そのため、ローカル・フードシステムを、弾力性《レジリエンス》があり善き生《ウェルビーイング》を営める（第2章第12節）ものにするためには、それぞれの地域ごとに、地理的要因や、様々な立場の人々の考え方、行政や企業の役割などを調査する必要がある（El Bilali 2019）。ある地域でうまくいった素晴らしい実践事例は参考にはなる。しかし、だからといってそのやり方を自分たちの地域にそのまま当てはめようとしても、地域の実情に即していなければ壁に突き当たる。

フィールド調査を行うもう一つの理由は、まだデータが揃っていない事柄について調査する力は、望ましくない状況を変える糸口を見つける力と直結しているためだ（Martí 2016）。市民による地域の環境調査・社会調査は、日本においては自然保護運動の広がりの中で一九七〇年代に広まった。市民調査が広まった背景には、地域の環境問題に関わる当事者の多様さに応じて必要な情報量・質が増えたこと（例えば、道路の新造計画の是非を検討するとき、森や動植物を守るために道路を作ってほしくない人や、現在ある道路の交通量が多くて危険を感じている人のそれぞれの意見や、この地域の今後の交通量の予測、近隣地域の都市計画などを調べる必要がある）、社会的合意に基づく順応的管理が定着したこと（つまり、ある取り組みの効果を測定して、その測定結果を次の取り組みにフィードバックするという考え方が広まったこと）などがあげられる（丸山 二〇〇七）。重要なのは、市民調査は「職業的研究者による研究の簡易版」ではなく、具体的な問題の発見と、望ましいとされるゴールの検討、意見の説得力を獲得するために行われる点だ（宮内 二〇〇三）。市区町村のホームページなどには、その地域の実態を知るために参考になる調査資料が、誰でもアクセスできるように揃っていることが多い。しかし、それらの調査データではほしい情報がないこともある。そのとき、自分たちで現状を調査する基本的な技術と経験を身につけることは、状況を自分たちの手で変えていく第一歩となる。

ここで、トランジション・ゼミがどのように進められたかをもう少し詳しく紹介したい（表2）。参加した能代松陽高校の生徒の皆さんはいくつかのグループに分かれ、能代近辺のフードシステムの概要と傾向について講義を受けた後（第一回）、自分たちが食べているものを記録して振り返る食消費調査（夏休み中）、白神ねぎの生産地や地元のスーパーマーケット、農産物直売所での聞き取り調査（第四、五回）、そしてそれぞれの調査結果をふまえ、「食べものの望ましい入手ルートの提案」を共通テーマとしつつ、グループごとに「農業のあり方」「食料供給のあり方」「直売所のあり方」にそれぞれ注目した形で意見交換と検討を行い（第三、六回）、能代近辺の持続可能なフードシステムのビジョンと提案を作成し（第七回）、参加者全員の前で発表し、意見を集約した（第八回）。ちなみに、ゼミの参加者数は先ほど述べたとおりだが、学校行事や模試などとの兼ね合いで全員が毎回参加できたわけではない。それでも、欠席した人とうまく情報や経験を共有しながら、学年やクラスが違う二〇人ほどが調査や議論を行った。

参加者らによる調査結果は、次のようなものだ。まず、参加者らは食消費調査（夏休み中）から、

表2　トランジション・ゼミの学習プログラム

全8回	全体の位置づけ	内容
第1回	導入、課題提示	能代近辺のフードシステムの概要と傾向についての講義
第2回	動機となる質問	「30年後の理想の姿と、ある日の食卓」のビジョニング：同ビジョンと現在の食卓とのギャップへの注目を促す教師側からの問題提起を含む
夏休み	事実の発見①	食消費調査：3日間（朝・昼・晩・間食）、自身の食事内容と使用された食材を記録
第3回	フィードバック	食消費調査結果の分析
第4回	事実の発見②	フィールドワーク調査A：大規模生産地（1ヵ所）、スーパーマーケット（2店舗）を訪問し、参加者全員で聞き取り
第5回	事実の発見③	フィールドワーク調査B：能代市近辺の直売所（6店舗）を班ごとに聞き取り
第6回	フィードバック	フィールドワーク調査結果の分析
第7回	解決策の検討	調査結果をふまえ、能代近辺の持続可能なフードシステムのビジョンと提案を作成
第8回	解決策の要約	作成した能代近辺の持続可能なフードシステムのビジョンと提案の発表

普段食べている食品の入手状況を明らかにした。食材の入手先・購入先として、「スーパーマーケット」が最も高く（六四・七％）、「いただきもの」（六・一％）、「外食」（五・五％）、「家庭菜園など」（四・七％）がそれに続く。そして、「直売所・産直・生協など」（二・一％）、「商店街の店など」（〇・六％）、「入手先・購入先不明」（八・九％）が残りを占めた。参加者らは、スーパーマーケットの割合の高さに驚いていた。

また、参加者はスーパーマーケットや生産物直売所で聞き取り調査を行い（第四、五回）、現在の食べものの供給状況を明らかにした。参加者らの調査報告からは、食品・食材の鮮度が、特にスーパーマーケットで想像以上に重視されていること、その理由として、新鮮な食材の方が売れるというだけでなく、品揃えが新鮮である方が店の評判が上がる（新鮮な方が安全面で信頼でき、見た目がみずみずしくておいしそうであるから）という事情があることがわかった。さらに、食品・食材が国産、地元県産であることは、直売所だけでなく、スーパーマーケットにおいても重視されていること、その理由として、高品質、安全面での信頼、移動距離が短い分だけ新鮮であるなどの要因（と印象）が一定の売り上げにつながっていることなどが報告された。

これらの調査結果をふまえ、参加者らは「三〇年後の理想の姿と、ある日の食卓」（第二回）に自分たちが描いた、パスタや肉料理の食材、飲み物を、能代地域で得ようとした場合、現在のところスーパーマーケットは必要不可欠であること、三〇年後もレトルト食品などの購入に重要な役割を果たすだろうことを結論付けた。しかし、ある参加者のグループは、現在の食べものの入手ルートの割合はスーパーマーケットに依存しすぎているとして、望ましい割合、「スーパーマーケット（三〇％）、商店街など（二五％）、直売所・産直・生協など（二五％）、家庭菜園など（一〇％）、いただきもの（五％）、外食（五％）」を提案した。商店街を重視するのは、地域コミュニティの交流の場作りとともに、シャッター街化による治安の悪化を食い止めるためであるとの説明の後で、さらに、商店街の利用しやすさを向上させるために、①空店舗を市で買い上げ、地域の農家に定期市の開催場として無料で提供すること、②駐車場不足に対処するため、複数の店舗経営者で駐車場を運営すること、③大型スーパーとの競合問題に対しては、スーパーの地産食材の売り場面積を市で

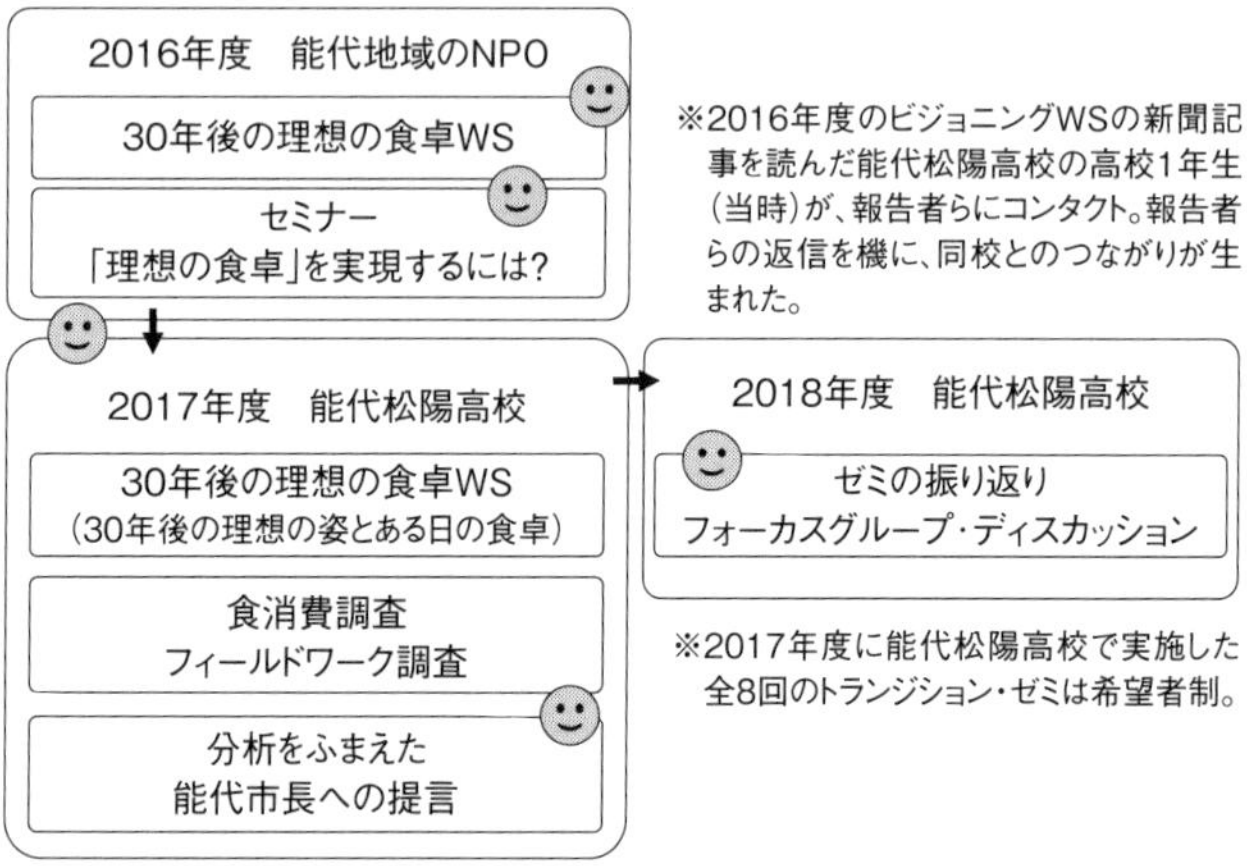

図11　FEASTプロジェクトの秋田県能代市での取り組みの概要

指定して、販売を義務付けさせ、地元農家の収入増に貢献させることなどが提案された。

また別のグループは、遠隔地からの利用者数が伸び悩んでいるという聞き取り結果をふまえ、直売所に様々な種類の野菜や果物を少量ずつ育てる畑を併設して専属の管理人を雇用し、種まきや収穫作業などを来訪者が体験できるようにすることで、遠隔地からの利用者を呼び込み、直売所を地域内外の人々の交流の場にするプランを提案した。さらに別のグループは、農業従事者の高齢化・後継者不足という課題に関して、農業センサスなどを活用し、高校生を対象とした農業インターンシップの導入とそのための受け入れ先の確保の必要性を提起した。

参加者自身が、望ましい未来のイメージと現状とのギャップを確認し、その現状についての調査結果をふまえ、ギャップを埋めるための方法とプランを提起したこのトランジション・ゼミは、調査と議論を通じて移行・転換への取り組みを次につなぐ成功事例の一つといえるだろう。ゼミが終了した一年後に行われた追跡調査でも、参加者らは学校での通常の学習や受験勉強と、このゼミの経験を結び付けてその意味付けを深めていることがうかがえた。

ところで、このような実りの多いゼミを開催することができた背景について関心をもつ方もいるかもしれない。じつはこのゼミは、二〇一六年に、NPO「常盤ときめき隊」、NPO「地産地消を考える会」の皆さんと一緒に能代市で開催した「三〇年後の理想の食卓を描く」というワークショップに参加した高校生からのリクエストが出発点となっている（図11）。このリクエストに、高校や大学の先生、地域の人々が応えることで、トランジション・ゼミの企画は実現した。地域の人々のネットワークに、次世代の新しい提案やリクエストを柔軟に受け入れる余地がなければ、この企画は存在しえなかっただろう。このネットワークの柔軟さと余地こそ、おそらく持続可能な社会への移行・転換を次の世代にわたしていく上で何よりも不可欠な基盤である。

5　手を取り合う農家と八百屋——京都オーガニックアクション

小林　舞

有機農産物を扱う八百屋は、卸市場で一括に仕入れることが難しいことから、それぞれが多様な仕入れ先と交渉し、広範囲の仕入れ先を回って品揃えをし、個人や飲食店と取引している。規模が小さい分、それぞれの八百屋の個性を生かした顔の見える関係を築けることがそのビジネスの基盤になっている。しかし、そうした関係を維持していくには、売る側のみならず、農家、小売業者、仲卸業者、個人など、注文規模の違う買い手と取引せねばならず、大きな負担が強いられる。その上、運送にかかる経費が年々高くなっていることから、宅配に頼る場合、採算が合わなくなってきている。

そんな状況を受けて京都市内を中心に営業をしてきた八百屋が集まり、野菜の運送にかかる費用や流通管理システムの共有が提案され、二〇一七年に「京都オーガニックアクション（Kyoto Organic Action：以下 ＫＯＡ）」が誕生した。

日本での有機農産物の物流に関する歴史を振り返ると、環境汚染・食品公害問題を背景に、七〇年代初頭、安全な食べものを作る生産者とそれを求める消費者が直接結び付き、共同購入によって持続的な生産を支える社会運動として産消提携が始まった（波夛野 二〇一三）。産消提携は、野菜を生産者からセット販売、固定価格、全量引き取りなどで共同購入し、支え合い、分かち合い――農のあり方を変える、そのために食を変革するという目的で広がった。しかし、高度経済成長期を経て日本の市場環境が変化し、一九九二年には有機農産物ガイドライン、二〇〇〇年にはＪＡＳ法改正により有機農産物の法的定義と認証制度が策定されるなど、有機農産物の規格化と流通の多様化が進んでいった。そして今では、小さな提携運動として始まった事業も、大地を守る会（現在は

写真7　京都府内の野菜を集荷して回るKOA物流便（鈴木健太郎氏提供）

オイシックス・ラ・大地株式会社）など大企業が出資する有機野菜宅配サービス会社となり、消費者の利便性やコストパフォーマンスを競い合う産業になっている。

ＦＥＡＳＴプロジェクトでは、コミュニティのネットワークを活用し、持続可能な農業を地域社会で支える仕組みを新たに作ろうとしているＫＯＡの取り組みに着目し、ＫＯＡが開催する集会に参加し、運営や方針を一緒に考えてきた。草の根レベルでのイノベーションのあり方や議論の展開に注視し、食のシステムの変革を求める一市民として、研究者の立場を超えたアクションリサーチの実験でもあった。

ＫＯＡが重要視しているのは、流通コストの軽減や効率化を目指すばかりでなく、地域に根付き、また誰もが共に平等な立場から関わりあえる民主的アプローチをとった組織を目指しているという点である。集合体としてのコミュニティのネットワークを上手く活用し、異なる点が多いながらも共通の志を持った生産者、販売者、消費者、そして研究者も含んで、オルタナティブなフードシステムの構築に関わるアクターをより多く効率的につなぐことによって、最善の物流の仕組みを試行していくプロセスである。しかしそれには、フードシステムのポリティクスの刷新を指向する、答えのない実験現場として非常に長い時間と忍耐力を必要とする対話が求められる。

現在のところ、日本のオーガニック・有機農産物市場は、産地を集約化して有機農業ビジネスの規模拡大を目指し、本来の有機農業の理念から遊離した形で利益を重視した農業への道を進んでいる。有機野菜の商品化はもとより、単なるその普及を図ることは、ともすると本来持っていた持続可能性の理念に相反する事態を生み出してしまうだろう。その意味で、地域の多様な立場の人間が支え合う仕組みの地道な試行錯誤こそが、美味しいだけではない、つながりを感じることのできる、より強固で豊かな食文化を育てることにつながっていくだろう。この新しい流通網が経済的に成り立つだけでなく、アクションを生む「運動体」として、農家や八百屋、さらには消費者の個性を活かして、それぞれの自律性や主体性の強化につながるかどうか、今後の展開を見守っていきたい。

6　買い物を通じて考える——京都ファーマーズマーケット

小林　舞

一見食料が豊富な現代の日本社会において、食の問題を、食の生産から始まり、流通、販売、消費、廃棄までを含むフードシステムにまつわる問題として意識している人は、まだ少ないかもしれない。また、関心はあっても、世界の中でもひときわ広域なフードシェッド（食料供給圏）に依存している自分たちの食生活が、いったい誰によって、どのような過程を経て支えられているのか、どのような人たちや生きものの犠牲によって成り立っているのかは、容易に想像したり理解したりできない。そうした不安要素が複雑に絡み合っている現状だからこそ、日々のくらしを大事にしたいと考え、それを主体的に守ることから始めることが一つの鍵となる。京都ファーマーズマーケットは、そうした買い物を通じて考える場になろうとしている。

京都ファーマーズマーケットは、京都市左京区を中心に活動する安全保障関連法案に反対することをきっかけに始まったピース・フラッグ・プロジェクトのメンバーによって二〇一六年一一月に立ち上げられ、月に二回、第二、第四木曜日（新型コロナウイルス感染拡大防止対策のため二〇二一年三月現在は不定期）に小さなマーケットを開いている。平日の日中という時間帯が中心なので、来客は主婦が多い。マーケットではあるけれど、平和活動の一環として始まったこと、また、主に女性が中心となって組織してきたことが特徴といえるだろう。

出店者は主に京都府内を中心とした生産者で、野菜などの農産物はもちろん、加工品、スイーツ、日用品など幅広い品を集めている。同時に、「これから私たちはどんな風に生きていきたいか」（井崎ほか 二〇二〇）を探る場として、青空学校やワークショップ企画も開催されている。ＦＥＡＳＴプロジェクトは、こうした取り組みと共同で、二〇一六年から毎年「食」をテーマとしたイベントを総合地球環境学研究所で開催してきた。

一年目に開催された京都ファーマーズマーケット一周年記念イベントでは、「ファーマーズマーケットのある暮らし――持続可能な社会へのトランジション」と題し、関西の各地から小さなマーケット主催者を招いてその実践の可能性と課題に関するパネルディスカッションを行った。情報交換や学びを共にしながら支え合う小さな連帯経済の仕組みを形にし、自主性を重視し、効率性や成長を目的としない経済のあり方を探ることと、一方、生産者にとっても消費者にとっても便利なマーケットにするために無視できない経済性とのバランスをどう取るか、この問いは常に、活動の意義を問うことと重なっている。

二周年記念イベント「マーケットがつくる・まもる・つなぐくらし」では、目の前のことだけでなく、その先にあることに目を向けて選択することの意味を問うセミナーを開催した。その中で、日本政府の開発援助で行われていた「日本・ブラジル・モザンビーク三角協力による熱帯サバンナ農業開発プログラム」に抵抗してきたブラジルとモザンビークの農民団体の代表から、現状が報告された。このセミナーは、税金や食生活を通して、私たちの生活がどの様にグローバルなフードシステムと直結しているか、世界のどこかの人々に有害な影響をもたらすのか、彼らの「食の主権」を脅かしているかを考えさせ、自らが「どういう社会を目指すのか」を問う京都ファーマーズマーケットの活動が、現地の農民の闘いと共鳴することを確認する機会となった。モザンビークで実施されていた開発援助プロジェクトは翌年の二〇二〇年に正式に中止となったが、その背景に現地の

写真8　第1回目の青空学校の様子（2016年11月、京都ファーマーズマーケット提供）

小農と市民社会、日本国内外の研究者、NGOや一般市民の連帯があったことは注目に値する。

三周年記念イベントでは、日本の食に欠かせない酢・醤油・味噌の生産者を招いたイベントを開催した。手間と時間を存分にかけた加工食品の背景には、機械化できない人間の知恵と技の中に生きる、自然環境の変動に敏感な生物間の有効な共生や協働の世界がある。そこには、規模の拡大は不可能だし、それを目的としないプロセスだからこそ持続してきた、小規模な経済の姿を見ることができる。

食べること、買い物をすることはまさしく日常的な行為であり、その分、ついつい習慣や周囲の環境にも流されがちになる。しかし、マーケットという場所が生まれるだけで、既存の価値観を見直したり、新しい出会いや発見、対話が生まれ、やがて緩やかにつながり、社会が変わるきっかけにもなる。そうした思いを込めた、一つの新しい市民運動の形がそこにはある。

7　養蜂がつなぐ人と自然——みつばちに優しいまち

マキシミリアン・スピーゲルバーグ
（小林優子訳）

グローバル化したフードシステムには、アグロエコロジーやバイオリージョンの原則に則った意識や生活様式の改革が必要である。これは作物の受粉にも深く関係しており、ミツバチの減少にも大きな影響を与える。ミツバチの一種であるセイヨウミツバチ（*Apis mellifera*）は現在、世界中の多くの作物の主要花粉媒介者として活躍しているが、こうしたミツバチへの依存とヨーロッパを起源として世界に広まったミツバチの家畜としての飼育は決して偶然の出来事ではない。植民地時代の歴史の一環であり、それは化石燃料の大量使用と無限の成長イデオロギーに後押しされており、今日の新自由主義的な現実にもつながる。

ミツバチは、その地域の環境を映す合わせ鏡のような存在である。ミツバチを一つの切り口として環境を探っていくと、農業だけでなく、林業、里山、蜜源植物、農薬、都市緑地、まちづくり、くらしやすさなど、様々なテーマが見えてくる。

現在の日本では、地球上の各地でそうであるように、蜜源植物の減少、ミツバチが生息する景観の変容、農薬の大量使用、寄生ダニによる被害、高齢化による養蜂家の減少など、多様な問題が存在する（日本養蜂協会 二〇一三、IPBES 2016）。

現代の日本の商業的な養蜂では、主にセイヨウミツバチを飼育している。収入の確保にはつぎのような形態がある。①一定地域内で採蜜する定置養蜂、②蜜源植物の開花時期を追って、九州から北海道まで移動する転飼養蜂、③受粉交配用のミツバチの販売・レンタルなど。食品のパッケージや児童書などにかわいらしいミツバチの絵柄が使用されることがあるが、多くの農業と同様に、養蜂関連企業の現実はそうした夢のようなイメージとはかけ離れている。むしろそのイメージに近いのは、ニホンミツバチ（*Apis cerana japonica*）を使う商業目的ではない趣味的な養蜂であろう。ニホンミツバチは、在来の野生のミツバチであるため、ハチミツの収量は少ないものの、比較的おとなしい性格をもつ。また、野生のハチであるため、巣箱周辺の環境が好ましくないと、逃去することがある。すなわち、人間が自然に寄り添う形での養蜂にならざるをえない。近年のニホンミツバチの養蜂では、山間地域で行われてきた従来の伝統養蜂に加え、個人またはグループが都市部も含めた各地で行う適応型のオルタナティブな養蜂が増加している。アグロエコロジカルなフードシステムへの転換に向け重要な役割を担うのは、このような養蜂である。

こうした背景から、二〇一七年より、地球研の養蜂研究グループは、一般市民や養蜂家と協働する形で、ミツバチを切り口とした地域の景観保全・資源管理、まちづくりを目的に、ダイナミックで超学際的な調査研究を開始した。そして文献調査と養蜂データの収集、養蜂家・ミツバチプロジェクト主催者らへの詳細なインタビュー、日本各地の養蜂家を対象としたアンケート調査、京都市民を対象としたオンライン調査を実施した。これらの結果をもとに、複数回の公開プレゼンテーションおよびパネルディスカッション、さらには「みつばちに優しいまち」をキーワードにしたステークホルダー対象の政策提言をめざしたワークショップを二回実施した。

これらの結果から、国内の趣味養蜂家には六〇代以降の男性の退職者が多く、養蜂をはじめたきっかけは身近に養蜂をやっている人がいたとか、ミツバチを飼うのが幼少期からの夢であったとか、たまたまミツバチの分蜂に出くわすなど「選ばれた」ともいえる人たちであることが判明した。こうした養蜂家は、ミツバチをペットや友人として見ており、ミツバチに住処を与え、外敵や病害から守ることの見返りに、自己消費や知り合いへのお裾分け用として、ハチミツを採蜜させてもらっていると認識していることが多いようだ。また個人の養蜂家以外にも、全国の都市部を中心に一〇〇以上の養蜂プロジェクトを確認できた。そうしたプロジェクトでは、セイヨウミツバチが飼育されることが多いが、ニホンミツバチの飼育も一部見られた。これらは、学校や大学での教育、企業によるCSR（企業の社会的責任）、環境教育を通じた社会の活性化を目的とした地域密着型プロジェクト、福祉施設の農福連携プロジェクトなどに分けられる。養蜂家の多くは、地域社会や環境のためにボランティアで活動していることが多いが、ハチミツの販売などで利益を得ており、養蜂がソーシャルビジネスとして高いポテンシャルを持つことがわかった。

表3　「みつばちに優しいまち」に向けた政策提言

より多くの熟練した養蜂家の養成	健康な生物群系	市民の意識向上と効果的な政策
- 学校や大学にてコミュニティ主導の退職者を中心とした養蜂プロジェクト支援 - 都市計画の策定プロセスへの養蜂家やミツバチの組み込み - ニホンミツバチの養蜂伝統の文化遺産としての認定・評価 - 都市養蜂家向けの任意ベースのライセンス制度の検討	- 都市部の農業空間の保全・支援 - よりよい都市緑地の拡大 - ネオニコチノイド系農薬の使用を徐々に減らし、家庭用ネオニコチノイド系製品の使用を禁止。公有地への散布も禁止 - 農薬の代替品使用への研究開発支援 - 機能的な路側帯の設置 - 養蜂家と有機・オルタナティブ農家の連携 - 森林整備計画への送粉者保護の視点の導入	- ニホンミツバチのハチミツ品評会の実施と品質表示ラベルの作成 - 学校教育カリキュラムへのニホンミツバチの導入 - ミツバチの都道府県宛飼育届フォームの基礎内容の統一化 - 地方自治体職員の異動サイクルの長期化、もしくは専門職の配置と育成

ところで、ミツバチを含む昆虫・生態系への広範な影響として浸透性・残存性の高い神経毒の一種であるネオニコチノイド系農薬が大きな問題となっている。主に水田のカメムシ防除などのために散布されるが、農薬は景観全体に広がり、益虫の減少、ミツバチの方向感覚の喪失、鳥類の出生率の低下などを引き起こす（Frank & Tooker 2020）。さらに、農作物の単一栽培は、花粉や花蜜の多様性が減少することから、送粉者の生存率を低下させることがある。

ミツバチや養蜂の重要性を理解するには、市民がミツバチやその産品、環境などと直接関わりを持つことが肝要である。調査では、西洋文化ではミツバチが健全な環境と安全なフードシステムの象徴であるのに対し、日本ではトンボやホタルがその役割を担っていることも明らかとなった。これは、小学校教育において、受粉については学習してもミツバチ自体が取り上げられていないことが関係しているだろう。また日本では、一般に一人当たりのハチミツ消費量が比較的少なく、特にニホンミツバチのハチミツはあまり市場に出回っておらず入手しづらい。しかし、アンケート調査では、若い世代から「今よりもっとハチミツを食べたい」と回答があった。

養蜂家と一般市民を対象にした調査の結果、回答者はより進歩的環境保全型政策を受け入れ可能であること、また現状打破の責任は行政にあると考えていることが明らかとなった。このような調査結果とステークホルダーとの議論に基づいて、表3のような政策提言を行い、まとめとしたい。

参考文献

井崎敦子・真鍋奈保子・伏原のじこ・春山文枝・上田真理子　二〇二〇『NEKKO issue』一、根っこマガジン。

中村麻理・秋津元輝・田村典江・立川雅司・Steven McGreevy 二〇一七「子育て世代の食卓および食品入手経路の実態――亀岡子育てネットワーク会員を対象とした三調査の結果から」『フードシステム研究』二四(三)：二六三―二六八。

日本養蜂協会　二〇一三「ポリネーター利用実態等調査事業報告書」http://www.beekeeping.or.jp/wordpress/wp-content/uploads/2013/10/H25-pollinator-report.pdf（最終閲覧二〇二〇年一〇月二八日）。

波夛野豪　二〇一三「CSAの現状と産消提携の停滞要因――スイスCSA（ACP：産消近接契約農業）の到達点と産消提携原則」『有機農業研究』五（一）：二一―二九。

丸山康司　二〇〇七「市民参加型調査からの問いかけ」『環境社会学研究』一三：七―一九。

宮内泰介　二〇〇三「市民調査という可能性」『社会学評論』五三（四）：五六六―五七八。

El Bilali, H. 2019. Research on Agro-food Sustainability Transitions: A Systematic Review of Research Themes and an Analysis of Research Gaps. *Journal of Cleaner Production* 221: 353-364.

Frank, S. D. and Tooker, J. F. 2020. Neonicotinoids Pose Undocumented Threats to Food Webs. *PNAS 2020* 117 (37): 22609-22613.

IPBES 2016. The Assessment Report of the Intergovernmental Science-Policy Platform on Biodiversity and Ecosystem Services on Pollinators, Pollination and Food Production. In S. G. Potts, V. L. Imperatriz-Fonseca, and H. T. Ngo (eds.), Bonn: Secretariat of the Intergovernmental Science-Policy Platform on Biodiversity and Ecosystem Services.

Martí, J. 2016. Measuring in Action Research: Four Ways of Integrating Quantitative Methods in Participatory Dynamics. *Action Research* 14(2): 168-183.

Oda, K., Rupprecht, C. D. D., Tsuchiya, K. and McGreevy, S. R. 2018. Urban Agriculture as a Sustainability Transition Strategy for Shrinking Cities? Land Use Change Trajectory as an Obstacle in Kyoto City, Japan. *Sustainability* 10(4).

終章　みんなでつくる「いただきます」

田村典江

© AOI Landscape Design 吉田葵

切迫する食の問題

本書では、地球環境問題かつ人間文化の問題として、持続可能な食と農への転換について論じてきた。序章に詳しく見たように、現代のフードシステムは地球にとっても人類にとっても〝不健康〟をもたらすものとなってしまっている。気候変動や生物多様性消失など地球の健康が損なわれると同時に、飢餓や肥満、栄養失調などのために人類の健康も損なわれている。単に不健康なだけでなく、不平等で不公平であることも問題だ。人間としての健康を損ないやすいのも、地球の不健康の影響を受けやすいのも、主に社会的に弱い立場の人たちであることに留意しなくてはならない。

この適切でないフードシステムは、基本的には、経済合理性を最優先とする社会によって構築されてきた。といっても、常に欠陥が無視されてきたわけではない。科学技術の進歩により、人体に悪影響を及ぼす農薬や食品添加物は追放され、より害の少ないものに置き換えられたり、そのような化学物質を必要としない生産・流通技術が開発されたりしてきた。また、何か新しい問題が発見されると、それに対応する法律や条例、規則が制定されてきたし、エコラベルやエシカル消費などの経済的手段を通じて、外部不経済を内部化する取り組みも積み上げられてきた。

しかしながら、誠に残念なことに、これらの対策では追い付かないほど地球という惑星の健康問題は切迫している。ここに問題の本質がある。現在の地球環境の問題を端的に示すのが序章に述べた「人新世」という概念である。人間活動が限度を超えて地球という惑星を蕩尽しつつあるという考え方は、環境科学分野ではなかば常識となりつつある。地球規模での自然環境問題に関連して、気候変動枠組み条約と生物多様性条約という二つの国際条約があるが、象徴的なことに、それぞれの科学委員会が、どちらも、問題の解決には「日常生活の抜本的な変化」が必要だと提言している。また、科学者ではない多くの人々も、頻発する異常気象や大規模な疫病の発生、徐々にあからさまになる社会的格差と分断などの経験を通じて、「今まで通りではない、何か抜本的な変化が必要だ」という感覚を共有することだろう。

問題は理解した。では、具体的にどうすればよいだろうか。引き続き、さらなる科学技術の進歩や精巧な制度的手段の構築に解決を見出す考え方はあるだろう。また、日常生活とは個人の選択の集成なのだから、個人に対する教育（環境教育や消費者教育など）が効果的だとする考えもあるかもしれない。しかし本書で示す考えはそれらとは異なる。本書では食の問題は現在の社会経済システムに埋め込まれており、社会経済システムの抜本的な改革が必要だが、それを実現するためにはまず私たち自身が思い込みを捨て、見えない想像力の檻から出て、具体的な活動を起こさなければならないと考える。私たち一人一人が、望ましい食の風景を思い描き、そこに向けて何か新しい一歩を踏み出すことが、変革への道筋であると主張する。

想像力の檻

社会経済システムの変革を目指すとき、最も教科書的な回答は、政治参加を通じて自らの意思や意向を政策に反映しよう、というものだろう。もちろんそれは重要な行動だ。しかし同時に、私たちはそれが簡単ではないことも身に染みて知っている。政治参加は重要であり必要だが、それだけでは社会はそう簡単に変わらない。

第1章で、社会を変える最初の一歩は現状に疑問を抱くことであると述べた。フードシステムの変化を導くためには、まず私たち自身が現状を疑い、自問することが必要である。現代のフードシステムははっきりいってどうかしている。消費者は高くて野菜が買えないと嘆くが、農家は野菜生産では食べていけないと悩んでいる。輸入が原因だろうか。いや、輸出国の農家もまた、国際市場への適応に四苦八苦している。このような〝どうかしている〟現代のフードシステムを取り巻く構造的な諸問題については序章に見てきたとおりであるが、あなた自身の日常的な経験からも、フードシステムがはらむ矛盾を見出すことは容易いだろう。

にもかかわらず、私たちは現代のフードシステムを受容してしまっている。なるほど現代のフードシステムはどうかしている。しかし、少なくとも日本で平均的な生活を送る限り、飢えに苦しむことは少なく、食料調達のために何時間も費やすこともない。親の世代や祖父母の世代に比べても、物質的な豊かさは明らかに増していて、料理ができなくてもくらしていける。そう考えると、いろいろと気になる部分があるとしても、抜本的な変化が必要なほどひどい状況ではないのではないか――と思う人は少なくないだろう。だが、序章に見てきたように、現在の物質的な豊かさは大量生産・大量廃棄によって支えられた一過性の繁栄に過ぎず、その裏側でかけがえのない自然が蚕食されていることは科学的に明らかである。そして、それを知り理解したとしても、そこから私たちが行動を変化させるまでの間には距離があることも、よく知られている。

したがって、想像力の檻から抜け出すことは容易ではない。同時に、私たちがつなぎ留められている想像力の檻とは、私たち一人一人が作り出したものではなく、社会が全体として作り出したものであることも理解しておかなければならない。

実は、私たちが住む現在の社会には、考え方の癖がある。それは、大量生産・大量消費が効率的であるとか、消費で経済を回すことが社会の繁栄をもたらすといった癖である。そのような考え方で社会経済システムがうまくいっていた時代がないわけではない。しかしながら、惑星・地球の限界という逃れようもない限界が迫っている今、この癖は再考されるべきだろう。

第1章に見たように、私たちは社会の部分であり、私たちの考え方は社会の考え方の癖に引きずられている。そのため、私たちは個人としても、大量生産・大量消費で社会の生産性を高めることは本当に必要なのだと思い込みがちである。しかし、定時・定量・定品質・定価格であらゆる種類の食べものがふんだんにあるくらしは、本当に、私たちに必要不可欠なくらしなのだろうか。その裏で、大量の食品廃棄が生じるとしても、大量の奴隷的な労働が要請されるとしても、それでも自分の生活に必要不可欠だとあなたは曇りなく思えるだろうか。そして、それはあなたの幸せと真につながっているだろうか。あなたの幸せな食生活は、社会の経済的な成長や反映と必ずリンクしなければ手に入れられないのだろうか。

本書の主張の一つはここにある。私たちのフードシステムには欠陥があり抜本的な変化が必要で、私たちはうすうすそれに気が付いているが、行動を変化させることは容易ではない。政治参加は重要だがそれだけでは不十分で、むしろ、すべてが個人の選択の結果であるかのように示されているのは大いなる錯誤である。さらに、私たちは、個人の幸せは社会の繁栄と一体化しているかのように思い込まされているし、思い込んでしまっている。グリーンでエシカルな食品に対して「財布をもって投票する」ことは大切だし、政治参加で意思を表明することも重要だが、それらを超えて、「私にとって本当によい食ってなんだろう」と考えることが必要だ。このように社会（あるいは世間）のものの見方を取り込んで、あたかも自分自身の考え方であるかのように思い込み、本来、持ちえたはずの自由な感じ方・考え方ができなくなっている状態は「魂の植民地化」状態といえる（深尾 二〇一二）。今こそ私たちは、魂を脱植民地化し、自分自身の感覚にもとづいて、本当によいと思えるフードシステムに向かって動き出さなければならない。

現実にある「よい食」「よいくらし」

前節に述べたように、実は私たちの多くはうすうす、現代のフードシステムはどこかがおかしいと感じている。そして、今まで通りではない何か新しい取り組みを進めようとする動きが、世界中のあちこちで生じている。それらについて紹介したのが第2章である。

何を「よい食」とするかには多様な切り口がある。もし農業生産の方法に関心があるなら、アグロエコロジーやパーマカルチャーは参考になるだろう。種子を取り巻く問題について知ることも、新しい考え方のヒントとなるかもしれない。買い物にもっと意識的に取り組みたいなら、食の透明性はその第一歩となる。また、社会的連帯経済や生きものに寄り添う経済圏というあり方を想像することや、脱成長について思いを巡らすことも、あなたの毎日の買い物という行動を新しい光で照らすだろう。適正技術や食のコモンズというアイデアは、毎日のくらしのあり方に想像的な刺激を与え、食の主権は、私たちのくらしと切っても切れない国際貿易について、新たな視点を提供する。また、あなたが市民として、自らが住む地域をよくしていこうとするとき、共生する都市計画やフードポリシー・カウンシルは、新しいツールとして力を発揮することだろう。

さらに想像を進めて「よい食」のある「よいくらし」を考えてみよう。心の豊かさと農的なくらしの結び付きに加えて、半農半Xやダウンシフターズといった具体的なくらし方の提案もある。そうした「よいくらし」を形作るのはいたわり、連帯、コンヴィヴィアリティであり、効率性や充足性、自律性、ウェルビーイング、レジリエンスなどの価値によって裏打ちされる。

あなたの「よい食」はどういうイメージで構成されているだろうか。あなたの食をよくするために必要なものは、代替となる技術だろうか、経済だろうか、自治だろうか、はたまた新たな価値だろうか。第2章では可能な限り多くの切り口から「よい食」と結び付く技術、知識、概念を紹介している。中でも、必ずどこかで誰かが取り組んでいる事柄を紹介するように留意した。あなたが描くよい食は絵空事ではない。誰かが実践している現実だ。具体的な事例を知ることは、あなた自身の「よい食」をさらに掘り下げることにつながるだろう。そして、本書を手がかりとして探索を深めることによって、あなたは自身が想い描く「よい食」が現代の社会で実現可能であることに自信が深まるだろう。

粘着性のある知識

本書をここまで読み進めてきたあなたにとって、「よい食」を実現するために動き出すことは、もはやさほど難しくはないだろう。よく選んで食材を買い、料理し、みんなで食べることは間違いなく始まりで、かつ中心となる行動だ。なるべく時間を作って、産地へ買い物に行ったり、家庭菜園やベランダ菜園をすることもよいだろう。自分の手を動かすことは大切だ。スーパーで食材を買って料理すると、いかに私たちのくらしがプラスティック製品に取り囲まれているかを実感する。八百屋や魚屋、ファーマーズマーケットでの買い物では、売り手とのおしゃべりによって食材を新鮮な目で見ることができる。自分で魚を釣ったり、野菜を育てたりすると、なるべく捨てずに全体を食べたいという気持ちも生まれる。職場で同僚と一緒に昼食をとる際に、得意のレシピを交換することもあるだろう。家族と一緒に囲む食卓では、家庭ごとのちょっとした文化を感じることができるだろう。

例えば、私は春には必ずイチゴのジャムを煮るのだが、そのためにイチゴ狩りに行くこともあるし、そうでないときは、熟したイチゴをなるべく手ごろに入手しようと、スーパーや八百屋の店頭を気もそぞろに眺めている。春になるとイチゴのジャムを煮ることは、我が家の風物詩であり、家族の楽しみであり、私自身にとって季節の習慣となっている。買えばもっと簡単で、安く、場合によってはもっと美味しいのだが、かといって我が家では食べるためにイチゴのジャムを買うことはない。春先に作ったものがなくなれば、それで終わりである。合理性を超えた何かがそこにはある。

このように食のまわりには無数のわざがあり、それぞれに多くの感情が付随している。食にまつわる身体実践、そして感情や愛着こそは、どのような言葉よりも雄弁に、望ましい食の理想像を描きうる。アメリカの食の社会科学者であるマイケル・キャロランはこの言葉では伝えきれない知識を「粘着性のある知識（sticky knowledge）」と呼ぶ。そして、もし今とは異なる世界の実現をゴールとするなら、それは粘着性のある知識が私たちみんなの気持ちをくっつけたその先に生じると説いている（Carolan 2016）。

私のイチゴジャムのような〝おはなし〟は、きっと多くの人のくらしのうちにあるのではないだろうか。漬けものをつける、味噌を作る、梅酒をつける、山菜をとる、きのこをとる、魚を釣る、野菜を育てる、田植えをする、稲刈りをする、蜂を飼う、団子を作る、餅をつく、パンを焼く、クッキーを焼く、うどんを打つ、そばを打つ、おにぎりを握る、弁当を作る……。すべてを毎日やらなければならないと言いたいわけではないし、個人で、あるいは個々の家庭で、独力でやらなければならないと主張するわけでも、もちろんない。子どもの頃を思い出してやってみるのもいいし、本を読んで新たに始めてもいい。ちょっと探してみれば、多くの地域で、このようなイベントが開催されているだろう。そういったイベントに参加するのも素敵だ。伝統的な和食にこだわる必要もない。ぬか漬けではなくてキムチをつけてもいいし、チーズが好きならチーズ作りをしてみよう。インドネシアの発酵食品であるテンペの作り方はわりと広まっている。手仕事が苦手なら、持ち寄りの食事会はどうだろうか。産地に出かけて手に入れた季節の果物をおすそわけしたり交換したりするのも楽しいだろう。

本書で伝えたいのは、特定の具体的な行動を取ることではなく、多様な食や農のわざを生活に取り戻していくことの重要性だ。序章で、現代のフードシステムの原則は、①一切すべてが商品であること、②何よりも利潤追求が優先されること、③生産と場所は結び付きがないことの三つであると述べた。目指すべきは、この三原則から外れるような食習慣の形成である。食や農のわざを生活に取り戻し、楽しみやよろこびを分かち合うことが粘着性のある知識の形成につながり、私たちと食との関係性を変えていくだろう。

社会の変化を起こすために

「よい食」はなんのために必要なのだろうか。第一には私たち自身やその家族の楽しみやよろこびを増やし、くらしをより満ち足りたものとするために必要といえるだろう。しかし、そこからさらに踏み出して、自分とその身の回りだけではなく、現代の矛盾あるフードシステムそのものを少しでもよいものへと変えていくこともまた、私たちの描く理想の中にあるのではないだろうか。

私たち自身の日常のくらしの中に「よい食」の要素を取り入れていくことは、「よい食」が実現される世界を生み出す道筋を開く。けれども、社会に変化を起こすことを考えるのであれば、個人や家族や友人のつながりを超えて、もう少し広くつながって動くことも時には必要かもしれない。そうすることで、より大きな変化を生み出す可能性が高まるからだ。第3章では、各地で変化を生み出すために動き出した人々の姿を紹介した。それぞれの活動は観念的ではなく、具体的な実践を伴い、具体的な場所に深く根差していて、現実味のあることがわかるだろう。

社会に変化を起こすためには戦略的な行動が必要だ。自分のくらしの豊かさと同時に、社会全体の豊かさを目指す際には、一層、それが必要となる。社会変化を起こすための方法論の一つに「変化の理論（Theory of Change）」と呼ばれるものがある（Belcher & Claus 2020）。この理論はある集団やグループが社会に変化（change）を引き起こすためのステップを提示するものであり、実際には単一の理論ではなく、変化が起こるプロセスを記述し説明するための複数の理論からなる。変化の理論では、社会経済システムの変化は複雑なものであり、因果関係は単純ではないことを認める。そのうえで、関わる主体の個別の活動がどのような結果を生み、それが大きな変化にどうつながっていくかを明らかにし、変化が生じる道筋を特定しようとする。

将来に向けた計画立案のツールとして変化の理論を使う場合、基本的には、次のような手順が用いられる。まず、最終的な目標を明らかにし、それを導くための主要な行動や関わる主体を特定する。次に、ある行動を取るとどのような結果が生じるか、生じた結果がどのような成果をもたらすかについて明らかにし、もたらされた成果が世の中にどのような影響を及ぼすかを検討する。なぜそのような影響が生じるかという因果関係を考察し、繰り返し綿密に検討を行うことで、確実に変化を起こすための道筋を計画していく。ポイントは、今、あなたが取ろうとしている行動が、どのような結果を起こし、それがどう社会に影響するかについて、意識的に検討するところにある。もし、あなたが何かの行動を取るとして、なぜそれが実際に変化を生み出すといえるだろうか。変化を生み出すための因果関係は十分に説得的で現実的だろうか。変化の理論を用いることで、より現実に即した具体的なプロジェクトを計画することができる。

第3章で紹介した長野県の活動を例にとって考えてみよう。彼らには「地域のフードシステムをより持続可能なものに転換させたい」というゴールがあった。そのために取りうる行動とその影響を考えた結果、長野市ではなく小布施町を対象とすること、テーマを学校給食に絞ることが決まった。なぜなら、自治体の規模が小さいことや食をテーマとした活動を行う基盤があるため小布施町にはより適した環境があり、また学校給食は市町村の裁量で運営される公的な制度であり、かつ地域の食料生産とつながり、かつ教育的な側面を有するからである。具体的な取り組みのターゲットが決まると、次に、未来の学校給食のビジョンを描くという行動目標が立てられ、ワークショップが開催された。ワークショップで描かれたビジョンは、提案書としてとりまとめられた。続くステップは、提案を実現するための具体的な行動計画作りや、プロジェクトの立案だった。そして、このような取り組みの中で得られた知見やアイデアが、パブリックコメントを通じて、町の総合計画にも投げかけられた。社会に変化を起こすためには、戦略的な行動の積み重ねが有効であることの一つの事例といえるだろう。

同時に、これらの活動は社会的想念がもつ力を示すものでもある。社会的な変化を起こそうとする前に、参加者らはよい食についてのアイデアを示し、語り合い、共同で未来を想い描いた。植民地化された魂を脱却して、一人一人が自分自身の感覚に素直になって未来を描き、その上で未来像を共同で構築するという一連の作業を通じて、グループは第1章で述べた社会的な想念を作り出したといえる。未来を描く共同作業は、社会変化に向けた活動を刺激する動機となったのである。

みんなでつくる「いただきます」

本書では、現代のフードシステムが持続可能でないばかりか、不健全で不平等であると繰り返し論じてきた。そして、フードシステムの問題は構造化された社会経済システム全体の問題としてあり、その責任を個々の市民に帰することは必ずしも正当とはいえないと主張してきた。しかし、現代のフードシステムの欠陥があなたのせいでないということは、あなたにフードシステムを転換する力がないことを意味するものではない。私たちは現代の社会経済システムに絡めとられており、そこから抜け出すことは容易ではない。けれども、ただ座して待っていれば社会がおのずと変わるわけではなく、社会を変えるのもまた、私たちなのである。

よりよいフードシステムを模索し、よい食を実現するための一助となることが本書の目的であるが、本書が考えるよりよいフードシステムとは、地球と人類の双方にとって健全で持続可能であるとともに、私たち自身がよろこびと楽しみをもって味わい、分かち合うものである。目指すべきは単純な技術的解決だけではなく、食の商品化・利潤追求・空間とのつながりの喪失を是とする現行のフードシステムを疑い、食と農の手触りある実践を私たちの生活の中に取り戻し、あるべき理想の姿を想像することにある。そうして、社会の変化を引き起こす当事者としての自らを再認識しつつ、無理のない範囲で自分にできる、ちょっとした、しかし戦略的に社会変化につながる行動を繰り返し行うことが重要なのだ。

生きていく限り食べることは必ずつきまとう。私たちの食は社会や環境とつながっているので、食を変えることはそれらを変えることにつながっている。しかし一方で、毎日毎日繰り返し生じる食の場面のすべてに注意を向け、意識的であることは、現実的とはいえないだろう。私たちは食を変えることができるし、それを通じて世の中を変えることができる。だが、それを意識しすぎて燃え尽きてしまってはいけない。楽しみやよろこびに満ちた食や農のわざに触れ、それを舌と心と身体でもって感動し、愛おしむことからまず始めよう。繰り返し体験することで、次第にそれはあなたにとって新しい日常となり、現代フードシステム的ではない豊かな食があなたの生活に生き生きと息づいていく。そうして、想像力を巡らせて、まだ見ぬ「よい食」に彩られた社会を想い描こう。

あなた自身の心に耳を澄ませてほしい。「よい食」とはどういうものなのか、そのイメージは私たち自身のうちにある。と同時に、あなたは「よい食」の探求は「よいくらし」を目指すことにほかならないと気付くだろう。私たちには社会を変える力がある。心からよろこびに満ちて「いただきます」といえる食卓を作ろう。将来を心配することなく、後ろめたく思うこともなく、満ち足りた気分で、大切な人たちと一緒に、穏やかで、しかしよろこびに満ちた「いただきます」をいえるように、よい食に彩られたよいくらしをみんなで作っていこう。食卓を埋め尽くす食べきれないほどの美味佳肴より、共に愉しむ食卓以上のごちそうはないのだから。

参考文献

深尾葉子　二〇一二『魂の脱植民地化とは何か』叢書魂の脱植民地化一、青灯社。

Belcher, B. and Claus, R. 2020. Theory of Change. td-net toolbox profile (5). Swiss Academies of Arts and Sciences: td-net toolbox for co-producing knowledge. www.transdisciplinarity.ch/toolbox（最終閲覧二〇二〇年一一月二五日）

Carolan, M. 2016. Adventurous Food Futures: Knowing about Alternatives Is Not Enough, We Need to Feel Them. *Agriculture and Human Values* 33(1): 141-152.

おわりに

本書は総合地球環境学研究所ＦＥＡＳＴプロジェクト（一四二〇〇一一六）の研究成果として刊行された。ＦＥＡＳＴプロジェクトは二〇一六～二〇二〇年度にかけて研究活動を推進してきたが、この五年間のうちに、世界の様子は大きく変わった。

プロジェクトが始まる前年、二〇一五年の第二一回国連気候変動枠組条約締約国会議では、新たな気候変動対策の具体的な取り決めとしてパリ協定が採択された。日本は二〇一六年に批准し、アメリカも二〇一六年に批准したものの、大統領の交代を機に離脱し、また今（二〇二一年二月）、復帰の方向へと進みつつある。

一方で、地球環境の危機という切迫した問題が、政争の具となり対策が遅々として進まないことへの懸念や反発は、二〇一八年のＩＰＣＣ一・五℃特別報告書の発表以降、世界的に加速している。特に、スウェーデンのグレタ・トゥーンベリさんが始めた「未来のための金曜日（Friday for Future)」運動は、世界中に共感を巻き起こし、日本を含め各国で若者世代を中心に環境問題に対する積極的なアクションを求める動きが広まった。政府や政治家のアクションを待つのではなく、積極的に自らが動き、声を上げ、社会を変えていこうとする熱が世界中にふつふつと沸き上がっているように感じる。そのような熱はまた、本書を執筆する私たちを励ますものでもあった。本書が、食を通じて環境や社会を変えようとする人々のなにがしかの参考になり、誰かのアクションを促すことにつながるのであれば、私たちにとって、これ以上の幸せはない。

本書の執筆の大部分は二〇二〇年に行われたが、同年は新型コロナウィルスのために、世界各地で日常生活が大きく変化した一年でもあった。外食機会が制限され、ステイホームのために自宅にいる時間が長くなり、多くの人々はくらしの中で、否応なく食との付き合い方を再考することになった。国連食糧農業機関が公表したコロナ禍の都市のフードシステムに対する調査結果では、フードチェーンの短い小さな町は、大都市に比べて、新型コロナによる混乱に強かったことが示されている（FAO 2020）。本書が模索してきた、新しいフードシステムの重要性が期せずして明らかとなったといえる。新型コロナウィルスの世界的流行は、本書が提示する持続可能で豊かな新しいフードシステムへの転換を強力に推し進める一つのきっかけになるのではないだろうか。

五ヵ年の研究プロジェクトを推進する過程では、総合地球環境学研究所のみなさんや、FEASTプロジェクトにメンバーとして参加いただいたみなさんをはじめとして、多くの方にご協力およびご助言をいただいた。執筆者一同、改めて心より感謝の意を表したい。とりわけ、本書の制作にあたっては、次のみなさんのご協力なしには進めることができなかった。最後にお名前をあげて深謝の意を表したい。お世話になったみなさんや本書を手に取ってくださったみなさんと、いつかどこかで、豊かで愉しい食卓を共に囲めることを願って——。

プロジェクトに参画された研究者および市民のみなさん
昭和堂　松井健太さん、松井久見子さん
京都府京都市
京都府亀岡市
長野県小布施町
秋田県能代市
食と農の未来会議・京都
使い捨て時代を考える会
かめおか霧の芸術祭実行員会
「亀岡を有機農業のまちにする」実行委員会
OBUSE食と農の未来会議
NAGANO農と食の会
常盤ときめき隊
秋田県立能代松陽高校
京都オーガニックアクション
京都ファーマーズマーケット（ピース・フラッグ・プロジェクト）
ニホンミツバチ週末養蜂の会

参考文献

FAO 2020. *Cities and Local Governments at the Forefront in Building Inclusive and Resilient Food Systems: Key Results from the FAO Survey "Urban Food Systems and COVID-19"*. Rome: Food and Agriculture Organization. http://www.fao.org/policy-support/tools-and-publications/resources-details/en/c/1271238/（最終閲覧　二〇二一年二月八日）

田村典江
クリストフ・D・D・ルプレヒト
スティーブン・R・マックグリービー

小田龍聖（Kimisato Oda）

総合地球環境学研究所 FEAST プロジェクト研究員（2021年度より森林総合研究所林業研究部門研究員）

京都大学大学院農学研究科博士課程修了、農学博士。専門は文化景観論、環境デザイン学、水生生物。

好きな食べもの：牡蠣、ウナギ、鮒ずし

太田和彦（Kazuhiko Ota）

総合地球環境学研究所 FEAST プロジェクト研究員、助教（2021年度より南山大学総合政策学部准教授）

東京農工大学連合農学研究科博士課程修了、農学博士。専門は環境倫理学、風土論、シリアスゲーム。

好きな食べもの：辛いもの、蕎麦

真貝理香（Rika Shinkai）

総合地球環境学研究所 FEAST プロジェクト研究員

慶應義塾大学大学院文学研究科博士課程単位取得退学。専門は動物考古学、生態人類学。

好きな食べもの：スープや汁物類、豆と雑穀（雑穀マイスターの資格あり）、ハチミツ

岩橋　涼（Ryo Iwahashi）

総合地球環境学研究所 FEAST プロジェクトリサーチアシスタント

京都大学大学院農学研究科博士後期課程。専門は食農地理学、協同組合論。

好きな食べもの：柑橘類、チーズ

■訳者紹介

小林優子（Yuko Kobayashi）

総合地球環境学研究所 FEAST プロジェクト研究推進員

カナダ・ブリティッシュコロンビア大学 Asia Pacific Policy Studies 修士課程修了。

好きな食べもの：辛いもの、とうふ、野菜全般

■編者紹介

田村典江（Norie Tamura）

総合地球環境学研究所 FEAST プロジェクトサブ・リーダー、上級研究員
京都大学大学院農学研究科博士課程修了、農学博士。専門は自然資源管理、コモンズ、農林水産政策。
好きな食べもの：蟹、香味野菜、お酒

クリストフ・D・D・ルプレヒト（Christoph D. D. Rupprecht）

総合地球環境学研究所 FEAST プロジェクト上級研究員（2021年度より愛媛大学社会共創学部環境デザイン学科准教授）
オーストラリア・グリフィス大学 Environmental Futures Research Institute 博士課程修了、地理学・都市計画・生態学博士。専門は地理学、都市計画、生態学。
好きな食べもの：スイーツ、チーズ、本物のパン、エスプレッソ

スティーブン・R・マックグリービー（Steven R. McGreevy）

総合地球環境学研究所 FEAST プロジェクトリーダー、准教授
京都大学大学院農学研究科博士課程修了、農学博士。専門は環境社会学。
好きな食べもの：フィッシュタコス、アイス、ピーナッツバター

■執筆者紹介（執筆順）

マキシミリアン・スピーゲルバーグ（Maximilian Spiegelberg）

総合地球環境学研究所 FEAST プロジェクト研究員
京都大学大学院地球環境学舎博士課程修了、地球環境学博士。専門は環境マネジメント。
好きな食べもの：果物（特にスイカ）、餃子、お茶類

小林　舞（Mai Kobayashi）

総合地球環境学研究所 FEAST プロジェクト研究員
京都大学大学院地球環境学舎博士課程修了、地球環境学博士。専門は環境学、農村社会学。
好きな食べもの：発酵食品（みそ、チーズ、ワイン、パン、チョコレート（カカオ72%くらいのもの）、ヨーグルト、納豆など）

地球研叢書
みんなでつくる「いただきます」
——食から創る持続可能な社会

2021年3月31日　初版第1刷発行

田村典江
編　者　クリストフ・D・D・ルプレヒト
スティーブン・R・マックグリービー

発行者　杉田啓三

〒607-8494　京都市山科区日ノ岡堤谷町3-1
発行所　株式会社　昭和堂
振替口座　01060-5-9347
TEL（075）502-7500／FAX（075）502-7501
ホームページ　http://www.showado-kyoto.jp

印刷　モリモト印刷

ISBN978-4-8122-2029-0